U0397190

Philosopher's Stone Series

立足当代科学前沿

彰显当代科技名家

绍介当代科学思潮

激扬科技创新精神

策　划

哲人石科学人文出版中心

当代科普名著系列

This Way to the Universe

A Theoretical Physicist's Journey to the Edge of Reality

走向宇宙尽头
一个理论物理学家的宇宙探索之旅

［美］迈克尔·戴恩（Michael Dine）　著

李　泳　译

上海科技教育出版社

对本书的评价

◇

一本难得的好书：真正的大师呈现的现代基础物理学最新思想的宏大图卷。戴恩是声誉卓著的理论家，倾心并理解实验和观测细节。本书融理论洞察与经验基础为一体，实属难能可贵，必令广大读者欣喜不已。

——肖恩·卡罗尔（Sean Carroll），

加州理工学院教授

◇

本书出自当代物理学大师，是一段奇异的宇宙及其运行法则的旅程，引领我们走进已知、欲知和未知的领地。它不像其他同样主题的读物，没想推销自己心爱的理论。它以简洁真诚的方式，勾勒了当代物理学面临的最重要问题、疑惑和可能的解答。

——伦纳德·萨斯坎德（Leonard Susskind），

斯坦福大学理论物理学教授

◇

你想知道却怕问的一切，尽在此书中。它是一个著名理论物理学家用心讲述的一段现代物理学和宇宙学思想的历史性旅程；一个关键人物对理论和实验发展的众多新问题所做的近距离审视；一本扣人心弦的书。一次餍饫好奇的智力享受。

——普里亚姆瓦达·纳塔拉詹（Priyamvada Natarajan），

耶鲁大学天文学和物理学教授

◇

戴恩带领读者经历了一次迷人而旷远的理论物理和实验物理世界之旅，凸显了形成当今物理学的惊人发现和艰巨挑战。戴恩是理论物理学的一位引领者,他最近几十年的亲身经历和活动演绎出了今天的故事。

——爱德华·威滕(Edward Witten),
普林斯顿高等研究院教授

◇

本书概略回顾了理论物理学的历史和研究现状,人人可读而令人难忘。每一页都洋溢着戴恩追求自然真相的感人激情。科学爱好者们将在书中分享一个理论物理学家的深度旅行。

——《今日物理》(*Physics Today*)

◇

一部涵盖几乎所有基础物理学的集成且雄辩的杰作。

——BBC《夜空杂志》(*BBC Sky at Night Magazine*)

◇

著名物理学家戴恩在这个最费心力的学科旅程中带领我们从原子内部走进黑洞深处……故事娓娓道来,旁白余音不绝。

——《科学美国人》(*Scientific American*)

◇

戴恩在这本令人耳目一新的指南中为当今理论提供了精准解说,为门外游客打开了超对称和弦理论的大门。

——《耶鲁校友杂志》(*Yale Alumni Magazine*)

◇

走进21世纪,戴恩或带怀疑地细说了天文学和量子物理学中的大问题,呈现了一些问题的尚不令人满意的答案,考察了大爆炸、暴胀理论、星系形成、黑洞、暗物质和暗能量、弦理论和超对称……是出类拔萃的科学普及……

——《科克斯书评》(*Kirkus*)

内容提要

在本书中，著名理论物理学家迈克尔·戴恩结合自己的亲身经历，以科学家的身份引领读者一步步探索宇宙，走进已知、欲知和未知的世界。从牛顿、爱因斯坦到量子力学、基本粒子物理学，从大爆炸、暴胀理论、星系形成到暗物质、暗能量、弦理论，从原子内部到黑洞深处，跨越了从难以想象的大尺度到不可思议的小尺度，作者以简洁生动的语言讲述了紧随物理学、天体物理学和宇宙学进展的自然故事，介绍了科学家作出的非凡发现、仍然存在的艰巨挑战和可能的解决方案。全书既有引人入胜的历史回顾，亦有扣人心弦的前沿解说，同时展现了一代代科学家矢志追求真理的科学精神。

作者简介

迈克尔·戴恩（Michael Dine），美国国家科学院院士，美国艺术与科学学院院士，加州大学圣克鲁斯分校圣克鲁斯粒子物理研究所杰出物理学教授。他是斯隆学者、古根海姆学者和美国物理学会会员，并担任美国物理学会理论粒子物理未来委员会主席。2018年，因粒子物理学理论的杰出成就获樱井奖。

本书献给

梅拉妮（Melanie）、阿维娃（Aviva）、杰里米（Jeremy）、
夏芙拉（Shifrah）、马特（Matt）和奥伦（Oren）

CONTENTS 目录

目　录

目录

CONTENTS

一

起　步

◆ 第一章

巡天遥看

我们似乎正在经历一个不同寻常的时刻。一方面,气候变化,全球疫情,核战威胁,这些可怕的挑战迫在眉睫;另一方面,人作为一个物种所了解的周围世界——乃至宇宙——远远超越了百年前的想象。无论如何,我们对自然世界(我们不过蜗居在它的一个角落)有了空前的认识。我们生活在厘米、米、千米或千千米的范围,但我们知道更小的自然——比原子核还小;我们也知道难以想象的辽远宇宙。更神奇的是,我们还知道——真的知道——几十亿年前的事情,而且几乎可以确定地断言宇宙在未来千亿年会发生什么。当下这个时刻真的异乎寻常。

我们大多数人都听说过遥远的星球和星河,隐约知道宇宙源自几十亿年前的大爆炸。可要确切说来,宇宙究竟有多大和多老? 它从哪儿来? 最后归宿是什么? 我们如何寻找这些问题的答案呢?

我们知道原子,或许还知道一些比原子更小的东西。我们何以知道连最强的显微镜都看不到的小小原子核呢? 这些小东西如何控制大宇宙的运行呢? 又如何决定我们的寻常生活,如做夹心面包、刷信用卡、开车去上班呢? 从最大到最小,宇宙神秘莫测。我们除了猜想宇宙的结构和它的组元,还能做什么更多的事情吗? 我们能构建实验,回答在那些奇异尺度上的实在性问题吗?

当我写这几行字时,我们正面对新冠疫情。在这场疫情中,我们熟

悉了10的幂次的意义。在疫情暴发之初,病例数每周近10倍地增长。这意味着美国病例的数量大概会按下面预测的量级增长:

2020年3月2日	100
2020年3月10日	1000
2020年3月18日	10 000
2020年3月25日	100 000
2020年4月3日	1 000 000
2020年4月7日	10 000 000

从100人增到1000万人,也就5个星期的事情。然后增长变缓,因为病毒不容易遇到没被感染的人了。幸运的是,在指数增长开始不到两个星期,2020年3月11日后的几天内,美国各州和地方社区在很大程度上将人们限制在避难场所。两周后——大致相当于从感染病毒到出现明显症状的时间,局部禁闭的效果开始显现。所以在3月10日,有994病例,刚好在我们预测的千人数字以下;3月18日,病例数为9307,略低于预测数字10 000;但到3月25日,社交距离限制的效果变得明显了,病例数为68 905。4月3日,病例数为250 000,4月11日为509 000——只是我们预测的最坏情况的200分之一。我们采取的极端措施挽救了数百万生命。如果行动更早,获救者会更多;如果我们迟疑了,则可能出现更大的灾难。实际上,行动越早的州和地方,防疫工作做得越好。同样的故事也在世界各地重演。接下来的几个月里,病毒时消时长,人们调整改进对策,然后迎来了新病毒的疫苗。

10的幂并不总是述说像疫情这样的严酷故事,它们本来就是思考自然的有效工具。在浩瀚的宇宙中,人类只占据着一颗微小的行星。同时,还有一个世界,居住着更加微小的事物——分子、原子、质子、中子和电子。在这些更快乐的追求中,10的幂也是有用的概念。1977年我读研究生时,和兄弟一起访问过史密森学会,观看了查尔斯(Charles)

和雷·埃姆斯（Ray Eames）夫妇（他们最出名的是工业设计）的纪录片《10之幂》（Powers of Ten）。这部美丽的影片总结了当时在最大和最小尺度上对自然的认识。影片开始，明媚的春日午后，一对青年夫妇在草地露营，躺在大约两米见方的席子上，然后镜头逐渐探索以10倍增长的空间尺度——公园、城市、州、国家、行星、太阳系、星系和星系团。接着，镜头朝相反方向深入，画面呈现越来越小的尺度——人体解剖器官、细胞、原子和原子核。我在书本学过的东西，都很好地勾勒出来了。说实话，影片的很多东西是我原本不知道的。

后来几十年发生了很多事情。比日常事物大几个量级和小几个量级的世界，我们都有所了解；对相差更多量级的世界，我们也有了线索。我目睹或参与了很多进展。本书的主题就是讲述在如此巨大尺度范围内的自然故事。故事紧随物理学、天体物理学和宇宙学的进步。我只是偶尔提及过去百年在生物学、医学、计算机科学、认知科学和其他领域的辉煌发现。

这些进展是实验家和理论家倾力工作的回报。实验与理论的划分有些模糊，但我希望这种划分在这里是清楚的。我做学生时，曾认真考虑过以实验物理学为业，结果却爱上了理论物理学。从专业说，这是一个有风险的选择，我的一些导师都劝我，告诉我竞争太过激烈。虽然我相信他们，也没理由相信自己是做理论的料，但我就是喜欢它。我的研究生时光都花在了学习当时所能达到的最小尺度现象，这个尺度大约是原子核尺寸的三分之一，即10^{-14}厘米（百万亿分之一厘米）。得承认，我算不上勤奋的学生，但老师们相信我，我接着到了加州门洛帕克的斯坦福直线加速器中心做博士后。我在那儿参与解释更小尺度的实验。我的导师有德雷尔（Sidney Drell），他是核军备控制的主要倡导者；还有萨斯坎德（Leonard Susskind），一个骄傲的年轻理论家，刚到斯坦福。尽管如此，我的路很难走；我做的问题没有真正令我感兴趣。

在斯坦福度过两年后，我去了普林斯顿高等研究院，还是一样的职位。研究院是纯理论机构，它的声誉部分源自它初创时期的人物，包括最有名的爱因斯坦（Albert Einstein），还有像奥本海默（J. Robert Oppenheimer，第二次世界大战时期领导了洛斯阿拉莫斯的原子弹研制工作）、冯·诺伊曼（John von Neumann，计算机先驱）、凯南（George Kennan，冷战初期主导了美国对苏关系政策的外交家）那样的名人。当下的教授团队包括爱德华·威滕（Edward Witten）、塞伯格（Nathan Seiberg）、马尔达西纳（Juan Maldacena）和阿尔卡尼-哈米德（Nima Arkani-Hamed），也都是世界前沿的理论物理学家。在这样的氛围下，我找到了自己的科学方向，开始探求当时认识水平之外的问题。接下来，我迎来了在纽约城市学院任教的5个丰收年。然后，因为家庭原因，我回到西海岸，成为加州大学圣克鲁斯分校（UCSC）的一员，在那儿度过了后来的30年。

圣克鲁斯校区在挺拔的红树林间，俯瞰蒙特雷湾。1965年初建时，学校顺应20世纪60年代激进的教育和参与观念。它的非正式口号是"我们不是伯克利"，意思是老师和行政人员都是一心为了学生，而不是仅关注研究。这种理念一直坚持下来，但天缘巧合，UCSC也成了研究重镇。加州大学的天文部门——利克天文台将总部从汉密尔顿山顶迁到了圣克鲁斯校园；学校邻近大断层系，引来地球科学家；又因濒临海湾的多样生态，引来海洋生物学家；生物学家、化学家和数学家也为有机会在这样的自然美景下工作而感到欣喜。UCSC也成了粒子物理中心，因为隔壁的斯坦福直线加速器中心正在运行新的革命性的粒子物理仪器。

我是1990年才到圣克鲁斯的，想象自己来到一个林间的紧张刺激的研究之家。果然如此，但我同时也找到了浓浓的知识和科学的气息。我是因为个人的原因来圣克鲁斯的，出于同样的原因，我实际上住在山的另一边，圣何塞，硅谷的一部分。幸运的是，从一开始我就和一群同事拼车。那会儿，群里有4个高能物理学家，分别在斯坦福直线加速器中心、费米国家加速器实验室（简称费米实验室，在芝加哥附近）和欧洲核子研究中心（CERN，位于日内瓦的大型欧洲实验室）做实验。里面还有两个天文学家。两个实验家引领着计划中的世界最大粒子加速器——超导超级对撞机（SSC），那时刚在得克萨斯的达拉斯附近起步建设。根据设计，SSC将两束光子加速到高能，然后让它们撞击在一起，检验撞击的结果。在这个数十亿美元的大计划下，聚集着成千的博士科学家，我的两个拼车伙伴主要负责追踪从撞击中产生出来的粒子。一个天文学家伙伴是研究行星的。那时，太阳系外是否存在行星，还是一个猜想的问题。1995年，随着第一颗太阳系外行星的发现，情况开始转变。圣克鲁斯的天文学家对行星基础理论和技术的突破有着重要贡献。另一个天文学家伙伴是做宇宙学的，是暗物质形成恒星和星系理论的创立者之一。

　　1993年，克林顿（Bill Clinton）总统意识到，随着SSC经费不断增长，政府支出的政治压力越来越大。最终国会在当年秋季的某一天把计划砍掉了。我本以为同事们会伤感几天，第二天早晨却听他们在车上讨论刚接到的来自瑞士日内瓦大实验室的电话，请他们加入正在初创期的大型强子对撞机（LHC）。他们答应了，即刻投入一个基本粒子大型探测器（叫ATLAS）的研发。15年后，这部大机器才开始运转。那些年经历了很多成功和挫折，不单科学上的，也有技术和经费上的。最令人震惊的是2008年的一次磁体事故，它严重损坏了机器。修复用了两年，不过到2010年时，加速器终于正常工作了。2012年，LHC的两个实验团队发现了希格斯粒子。

　　我是做理论的，主要工作是认识实验结果，预测未来实验的可能性。与实验家同事的密切联系，使我能保持求实的态度，聚焦我们真正希望能以实验可验证的方式回答的问题——至少要区分哪些问题能，哪些问题不能。我的许多研究都是把这些问题精准地分门别类：什么能解释希格斯玻色子的质量？什么是暗物质的组成？什么情况下能找到它？弦理论遵从实验检验吗？我们经常在车上聊孩子、饭馆、运动和政治（现实政治和学术政治），但更多还是关于科学。拼车伙伴们曾费尽心思要我明白制造抵御强辐射爆发的电子仪器是怎样的挑战，而我也让他们痛苦地理解最新的理论及其前景和局限。

我在 UCSC 的学生也令我专心于科学中令人兴奋的问题。我常上的一门课叫"现代物理学"，从爱因斯坦和相对论开始，到量子力学的发展，接着是 20 世纪和 21 世纪初的一些惊人进展。本书将覆盖更广的知识领域。对我们认识的事物，我希望传递我们的兴奋；对我们当前面对的难题，我希望表达我们的理解。

希格斯粒子的发现，暗物质和暗能量的发现，连同大爆炸的精准研究，说明我们对我们在宇宙中的位置的理解远远超越了人类过去认识的一切。同时，我们也有亟待解决的问题。有些问题我们有清晰的解决路线，另一些问题却不那么清晰。我坚信，这门科学与我们日常生活的事件距离没多远，所以不论我们的理解还是急迫的问题，大家都能分享。我将说明哪些问题有可能解决，即未来 10 年可能被实验或新理论解决，哪些问题可能还不着边际。

本书探索的尺度，比起《10 之幂》的制片人所能做的，还超越了多个数量级。我们将穿越浩瀚和微渺，蹚过时间的长河。我们的时钟从 $t = 0$ 的大爆炸开始，到今天大约经过了 130 亿年，也就是 13×10^9 年。从我们当下时刻回望恒星和星系形成的时候——大爆炸后大约 10 亿年，再到我们已经完全认识的最早时刻——大爆炸后大约 3 分钟，那时氢和氦已经在火热的宇宙汤中生成了。不过我们还要回溯更早的时刻——对这些时刻我们只有零星的证据，那时宇宙大约才过了几十亿分之一秒，物质才刚开始生成。最终，我们将窥探大爆炸的幕后，追问它之前发生了什么；我们也将面对一些争议不断的思想，如**多重宇宙**。多重宇宙的想法为大自然最神秘的问题之一——或不止之一——提供了令人信服的解释。我们甚至可以想象能为这种奇妙的可能性找到观测证据。

实验与理论

物理学大概比多数其他学科更"四分五裂"，这话虽然难听，却使我们能从原理和技术出发去探究许多看似奇异的事物。物理学家分两群：一群做实验，全部时间都用来设计、建造和运行，然后分析实验的数据；还有一群做理论，全部时间都在发明理论，预言实验结果，比较理论与实验结果。有些理论是为解释已知的实验结果而设计的，有些是为了解释尚未很好认识的奇妙自然特征和规律。实际情况并不都像这样泾渭分明。牛顿（Isaac Newton）为构建现代物理学建立了丰功伟绩，既是实验家，也是理论家。他做过重要测量以研究光的性质（得出了著名的错误结论）。他发明了微积分，这是现代理论家和实验家的最重要工具之一；他写下了物质运动的基本定律，创立了万有引力理论，在后来的200多年里一直被认为完全正确。但到19世纪末，出现了一小群人从事的专业化的理论。这至少部分反映了实验技术越发精密，而理论分析的数学需求日益增长。尽管如此，那时的理论家也做实验。苏格兰物理学家麦克斯韦（James Clerk Maxwell）在1860年代确立了电磁学的最终形式，但他也做过颜色实验，生涯后期还在剑桥大学创建了卡文迪什实验室。早期一位重要的纯理论家是荷兰物理学家洛伦兹（Hendrik Lorentz），他贡献很多，其中最著名的是写出了爱因斯坦相对论的一个早期形式，发展了早期的电子论。

当然，现代理论家的典范是爱因斯坦。爱因斯坦是在1905年带着3篇杰作横空出世的。最著名的两篇是他的狭义相对论和光电效应，他因后者赢得了诺贝尔奖。一般学物理的同学不大熟悉他关于布朗运动的工作,但这项工作为确立原子的实在性贡献良多,而且很好地估计了每立方厘米水的原子数(阿伏伽德罗常量),不仅深刻影响了物理学,还影响着化学和生物学。这些成就都是纯思考和部分已知实验数据分析相结合的结果。所有自诩为理论物理学家的人都想学这个思维模式。但爱因斯坦却心有不甘地说他渴望既做实验也做理论。关于牛顿,他写道:"自然对他来说是一本打开的书⋯⋯他集实验家、理论家、力学家于一身,更是诠释自然的艺术家⋯⋯他孤独地挺立在我们面前:他的每个词句和每个数字都洋溢着创造的快乐和入微的精细。"*

20世纪打破这种实验/理论划分的是恩里科·费米(Enrico Fermi),他1901年出生在意大利,早年做的量子力学理论工作对认识化学元素周期表和中微子物理至关重要。但他也做核物理的关键实验,因此获得1938年诺贝尔物理学奖。

他和妻子劳拉·费米(Laura Fermi)去斯德哥尔摩领奖,却没回意大利。劳拉是犹太人,怕受到意大利法西斯的迫害,于是他们去了美国,他在哥伦比亚大学任职。他在哥伦比亚大学的实验和后来在芝加哥大学的实验是核武器和核能发展的奠基石。他的很多学生成为二战后那一代最重要的理论家和实验家,但没人像他那样多才多能。

我的拼车伙伴不但让我懂了很多实验问题,还帮我养成了踏实的作风,关注那些实验驱动或可由实验解决的问题。其实,想成为拼车组的一员,就必须具备向别人解释自己所做事情的能力。

我们前行的路上会遇到很多物理学家,既有老一辈的大牛,也有当前活跃的理论家和实验家。我们还将遇到五湖四海的各色男女,但难

---

* 引自派斯(Abraham Pais)*Subtle Is the Lord: The Science and the Life of Albert Einstein*, 1982, reprint 2005, 14。(中译本:《上帝难以捉摸——爱因斯坦的科学与生活》,方在庆、李勇等译,广东教育出版社,1998;后列入商务印书馆名人传记丛书,题为《爱因斯坦传》。——译者)

以避免的现实是，来自几个国家的**男人**主宰了整个领域。有些人在种族、伦理或性别问题上思想激进，但我有充分的证据相信，我们将要遇到的问题会跨越那些时常分隔我们的界线而有着普遍的意义，我也希望这些问题的分享会让我们走到一起。

◈ 第二章

时空理所当然吗

我们的日常生活乃至我们探索极大与极小世界的舞台,通常都用时空来描述。我们发信息:"抱歉,迟到了。""洛杉矶比纽约晚3个小时,是吧?"我们也可能问:"珠穆朗玛峰只有大约5英里*高,对吗?"我们对时间与空间的实在性有着某种实用的直觉,但自然律赋予了时间和空间本身更深刻的意义。

牛顿(1643—1727)是一个复杂的人,他的科学演进一样复杂。父亲在他出生前不久就死了,他小时候曾一度被母亲抛弃。他脾气火暴,难以相处,没几个朋友。他有强烈的宗教观,一生沉迷炼金术。晚年离开剑桥去伦敦,几乎放弃了科学研究,做了铸币厂总监。通过朋友的帮助,他一直留在这个职位上。这本来是个闲散的职位,他居然做得热情洋溢。他追求更新更标准的硬币,但更多精力却用来调查(经常是秘密进行)、抓捕和处决造假币的人——通常是把他们吊死,然后剖腹、分尸。

正是从牛顿(而不是被他远远超越的前辈或哪怕最杰出的同辈)那里,我们才学会了这样的概念:原来我们看到的自然现象都是由**定律**主宰的,而那些定律可以通过精确的数学方式来表达。他用当时的世界观塑造的语言来构建他的问题。他当然受伽利略(Galileo)影响,但也

---

* 1英里约为1.6千米。——译者

受与一些同辈,特别是英国科学家胡克(Robert Hooke)竞争的影响。两人吵得不可开交。胡克(或许不太公正地)觉得牛顿偷了他的引力定律。牛顿对这些言论毫不理会。他在给胡克的一封信中,对自己的成绩说过一句著名的话:"如果说我看得更远,那是因为我站在巨人的肩上。"这个故事常被人拿来说明科学上的谦虚,但我的一位天文学同事告诉我,胡克很瘦小(他甚至形容胡克是侏儒,但显然是不对的)。尽管我有些同事自视甚高,但鲜有如此刻薄的——更多的还是温和。

牛顿在不同时期研究过化学和与光有关的现象。他正确地发现白光是不同颜色的光的组合,但他将光理论化为由粒子(即"光粒子")构成,就不那么正确了。就我们关心的时空问题而言,牛顿对行星和月球运动的考察,起着关键的作用。

牛顿与物理学定律的特征

本节的标题,很抱歉,是借了费曼(Richard Feynman)1964年系列演讲的题目。我们随意说什么物理学定律或自然定律,但费曼问:那是什么意思? 我们的物理学定律的现代科学范式来自牛顿的运动定律和引力定律。牛顿成功将他的法则和技术用于太阳系天体的运动,是这种世界观的第一次伟大胜利。

我们可以想象,牛顿(像他自己描述的那样)坐在花园里,看着一个苹果落下。从现代观点看,我们可以将牛顿定律分为两类。一类是运动定律,是一个基本框架,包含一组适用于大量物理现象的法则。第一运动定律说,运动的物体保持同样的运动状态(以同样速度运动),除非受力的作用。这在直观看来或许是合理的,但回避了一个问题:力是什么? 牛顿通过第二定律给出了力的定义。力产生**加速度**(即速度的变化)。这个定律说,给定质量的物体(如一辆汽车),受力越大,获得的加速度就越大。对一定的力,物体质量越大,加速度**越小**。因此,对相同的力,我的普锐斯C比大卡车加速快得多。同样,如果踩油门加倍引擎的力,汽车会快两倍地加速到高速公路的速度。这两个定律解释了事物的运动——不仅是寻常事物如网球、弹丸和飞弹,也包括巨大的物体如行星、恒星和星系。

牛顿建立了物体在时空中运动的框架(叫**运动学**)后,又迈出关键一步,确定了引力。人类自古就观察到行星的运动。在牛顿之前的世纪里,人们构建了更精确的行星运动图像。16世纪,丹麦天文学家第谷(Tycho Brahe, 1546—1601)在丹麦国王建的天文台里仔细精确测量了行星轨道。尤其令人震惊的是,他的观测没用望远镜,他就是靠古老的仪器(六分仪和象限仪)测量了行星和恒星在天空的位置。第谷的助手开普勒(Johannes Kepler, 1571—1630)分析了数据,总结为3个"定律"。第一定律刻画行星轨道形状,第二定律决定行星在轨道上的速度,第三定律联系行星运动周期(绕轨道一周的时间)与到太阳的距离。这些法则之所以惊人,是因为它们不符合任何明显的直觉,而且与开普勒原先的偏见相反。法则的惊人还在于呈现的问题。开普勒本来可以宣扬轨道是圆的,实际上那时已知的所有行星的轨道形状都是**近圆**,但不是太圆;其实它们都是椭圆。在冥王星被贬为矮行星之前,我常给学生讲,它是唯一一颗轨道不是近圆的行星。

我在上面给**定律**加了引号,是因为开普勒宣布的结果(还提供了一种方法来组织第谷的观测数据),在牛顿宣布的定律的意义上,算不得定律。两者的区别微妙而美妙。区别的第一点要素与牛顿定律的广泛适用性有关。

我们从牛顿与苹果的故事(不管真假)得到的启示,不在于牛顿怎么发现了物体下落;而在于他意识到引力是**普遍的**,例如,月亮落向地球,地球落向太阳,与苹果落向地面遵从同样的法则。他将这个发现表述为两个物体(如太阳和一颗行星)之间的力正比于两个物体的质量的乘积除以它们之间的距离的**平方**。这意味着，以金星为例，因为它的质量近似地球，但距离太阳更近——6200万英里（地球是9800万）——那么太阳作用在金星上的引力大概是作用在地球上的两倍。相应地，金星在轨道上比地球跑得更快，而外层行星跑得更慢。地球作用在苹果上的引力比作用在月球上的引力小，因为苹果的质量小得多。如果不是因为苹果到地球中心的距离远小于月球到地球中心的距离，苹果受的引力几乎感觉不到。靠着这个力的定律，牛顿解释了开普勒的3个定律。但牛顿定律的力量比开普勒的大得多，作出了更精确的预言。牛顿发现，行星轨道**不是精确**的椭圆。行星不仅被太阳吸引，还被其他行星和各自的卫星吸引。因为行星远小于太阳，它们的引力效应很小，但牛顿的研究打开了更精密的行星运动研究的可能，一直延续到今天。大约200年后，爱因斯坦用他的广义相对论预言了牛顿定律的细微偏差，得到了实验的验证。

还回到开普勒和牛顿定律的差别上来。开普勒定律总结了他从数据观察到的规律；它们是不精确的（尽管他可能认为精确），更重要的是，开普勒不能预先说出他的法则有多精确，而牛顿**能**解释开普勒法则的细小偏差。爱因斯坦的相对论原理则扩大和超越了牛顿的运动定律和引力定律，而且能说明**牛顿**定律什么时候能用，什么时候不能用。

抛开这些问题不说，牛顿的运动理论框架还是大量技术的基石。尽管基本作用力不能像太阳与行星之间的引力那样简单地描述，但从土木工程的挑战到抛体（炮弹和导弹）运动、气象特征等多领域的问题，从过去到现在，都能用牛顿运动定律来描述。

牛顿、空间和时间

我们大多数人的生活中，满是追踪时空的仪器，精确记录几点了，我们在哪儿。我们已经忘了钟表只能精确到分钟的时代。我们的电话精确到若干分之一秒,我们的导航软件能非常可靠地预测我们开车、骑车或步行到达的时间,甚至考虑了车流量和个人骑车习惯或步行节奏。从联系我们日常经验的时空标准转化到联系自然律的时空标准,牛顿是一个关键角色。

历史上,距离的测量似乎起初是与人体结构相关的——如"英尺"(foot)显然源于"足",而"腕尺"(cubit)等于前臂的长度。英里最初是一个罗马士兵走1000步的距离。这些显然都不够标准化。不同身高、体格和精力的士兵,会走出不同的英里长度。很久以后,"米"有了定义,先是北极到赤道距离的千万分之一。这个度量尽管相当随意,但至少有一个优点,那就是每个人都能认可那个距离究竟是多少,虽然有些许误差。

为时间度量确立标准是又一个挑战。"天"显然是追踪时间进程的一个起点,我们要感谢古巴比伦人将天分为小时、分、秒。但一天的长度在一年中略有变化。最后,天的平均长度的概念使它成为这些度量的标准。"阴历月"是一个方便的度量,但在一个太阳年里,阴历月数不是固定的。"年"作为地球绕太阳一周的时间是相当稳定的,年间变化只有几分之一秒(还偶尔用"闰秒"来调节)。当然,地球在轨道位置的可靠测量要到人类历史后期才变得司空见惯。

伽利略将时间测量提高到新水平,他研究了单摆的运动,发现摆在轻微推动下来回一周的时间只依赖于摆长而与摆的大小无关。因为这个"定律",我们能可靠地通过计数摆动的次数来测量时间长度。通过比较两个计时器的摆长,就能一致确定经过了多长时间。

这朝着牛顿的时间概念迈出了一大步。时间与空间是他的运动定律的**背景**,而定律的运行又提供了一个时间定义。这是伽利略摆动观测的巨大推广。

我们将**自然定律**的概念与牛顿联系在一起,或许是很正常的事情。

定律概念符合他也许过分倔强的个性。他常坚称事物就是他说的那样，拒不接受批评或反驳。对不同观点缺乏宽容，在他的时间定义中表现特别明显。对牛顿来说，时间是绝对的，这个概念的意义是不证自明的，不屈从任何问题。可能有人认为，他试图在时间和空间的问题上杜绝任何争论，所以写出如下的话：

> 绝对、真实、数学的时间，就其本身及其本性而言，与任何外物无关而均匀地流逝。绝对空间，就其本性而言，与任何固定事物无关，而总是保持着相同和不动。

为保险起见，牛顿借助了上帝的权威：

> 绝对时间非感觉对象。神性随时随地表现其存在，永久延续，处处显现。上帝造就了时间和空间。

牛顿在这里或许太谦虚了。如果我们用"牛顿定律"代替"神性"，这些表述也有几分正确性。牛顿的运动定律是与时间和空间的本性绑在一起的，同时也赋予了它们定义。牛顿很容易用他的定律解释伽利略的单摆"定律"，并将其推广到其他类型的时钟。如果我们知道了力，如旧式钟表里的弹簧的力，或你的手机时钟里的原子行为，那么计数弹簧或原子的来回振荡次数，就得到另一种时间度量。它们提供了一种新的时间定义，而不是在牛顿定律**绝对正确和精确**意义上的那种绝对的时间或空间。

且不说上帝，是什么证明时间流逝时时处处都一样呢？这其实是马赫(Ernst Mach)提出的问题，他是19世纪后期活跃在奥地利的物理学家和哲学家。马赫是爱因斯坦心目中的思想楷模，他批评牛顿的绝对时间主张说："绝对时间是无用的形而上的概念，不可能从经验产生。牛顿违背了他表达的只探究真实事物的意图。"但是，假如牛顿定律确定了这种绝对时间，那么除非定律错了，否则绝对时间就是正确的。在随后两个世纪的大部分时间里,牛顿的运动定律和引力定律都安然无恙。绝对时空的第一波挑战隐藏在麦克斯韦编织的电磁学定律中,并被爱因斯坦揭示出来了。

更多的自然律:麦克斯韦

引力深刻塑造了我们的日常生活,它将我们固定在地球上,绑着地球沿轨道绕着太阳转,让月亮沿轨道绕着地球转。所以,引力是第一个被认识的物理学定律主宰的自然领地,这并不值得大惊小怪。但还有一类现象至少同样重要:电和磁的现象。牛顿之后,科学家很自然地想为电磁现象寻求类似引力那样的定律。但差不多200年后才形成一幅完整的图像。

发展进程中的一大障碍就是我说的电和磁主导着我们的日常生活。这是真的,但对今天的大多数人来说,这也不是显而易见的,更何况20世纪初的人了。电力将电子束缚在原子核里,决定着物质和一切化学结构。电信号控制着人体活动,中性原子之间的小小电力产生摩擦力(日常事物的另一种控制因素)。磁是我们大家从小熟悉的东西,它源自非常复杂的现象,涉及特殊物质(如铁)的电子行为。真正认识磁现象离不开量子力学,那是1920年代兴起的一门学科,我们以后再说。不过,从某种意义说,光、无线电波、我们烹饪用的微波、医生用的X射线,都是电与磁协同作用(统称**电磁**)的产物。

这些拼图碎片是逐渐融合起来的。富兰克林(Benjamin Franklin)等人的实验确立了电是由电荷运动产生的。法国工程师兼科学家库仑(Charles-Augustin de Coulomb)在18世纪末发现带电物体相互吸引或排斥,在很多方面遵从与牛顿引力定律相似的法则。实际上,库仑定律与牛顿定律的主要区别在于力的强度。另外,在牛顿理论中,所有有质量物体都是相互吸引的,而在库仑理论中,异性电荷的物体相互吸引,同性电荷的物体相互排斥。正是引力与电力的这一点区别，激发出反引力的科幻小说。

电与磁之间的联系是英国科学家法拉第（Michael Faraday）在19世纪初发现的，离库仑的发现不久。法拉第建立了**电场**和磁**场**的概念。电荷周围包着一个**电场**。穿过这种场的带电粒子会遭遇一个力，随场的强弱而增大或减小。穿过空间的带电粒子产生**磁场**。电流通过线圈产生磁场，就是这个道理。带电粒子（如电子）穿过磁场也会遇到力，但这个力要复杂得多（很多大学生的克星），不仅依赖场的强弱，还依赖粒子的运动速度。

对法拉第来说，场只是描述电荷效应的实用工具，是为电荷与电流服务的，而不是独立的存在。1865年，苏格兰物理学家麦克斯韦的工作改变了一切。用爱因斯坦的话说，

> 一个新的概念在物理学出现了，是牛顿时代以来最重要的发现：那就是场。只有科学想象力才能认识到，描述物理现象的根本要素不是电荷和粒子，而是电荷和粒子的空间中的场。描述电磁场结构的麦克斯韦方程的建立，证明了场概念的成功。

麦克斯韦采用了库仑和法拉第［还有以其名字命名电流单位的安培（André-Marie Ampère）］的方程，但发觉它们还不完整。他又添加了一项，从而发现了电与磁其实决定着电磁辐射。这**解释**了光——光以电磁场的波动形式出现，而不是牛顿的"光粒子"。麦克斯韦的理论令人震惊，它还预言了光那样的辐射能以很多不同形式出现。特别是，他预言了无线电波的存在，后来为赫兹（Heinrich Hertz）所证实（因此我们听到的电波频率以赫兹的名字命名）。最后，电和磁形成一个统一的图景，而场概念是其关键要素。

爱因斯坦与绝对时间的破灭

正如马赫说的,牛顿对空间和时间的绝对性的主张是建立在摇晃不定的基础上的。但牛顿的运动和引力定律至少还牢靠,不管有什么哲学的反对。然而,麦克斯韦方程却暗藏着绝对时间和空间的破灭。

麦克斯韦理论引发的疑惑与光速有关。理论的一大成果是光速可以与其他可测的物理量联系起来。但问题是,根据他的方程,光**在任何条件下**总是以相同速度运动。对19世纪末的物理学家来说,这是没有意义的。他们认为光波就像水波。你朝水里扔一块石头,会激起水波,以一定速度离开你。如果你从行进的船上扔石头,你看到水波离开的速度大概与船静止时一样。从岸上人的角度看,他们会看到波移动得更快。但麦克斯韦方程似乎不容许这样。你手上的灯发出的光波离开你的速度,与飞速火箭船上闪光灯发出的光波离开你的速度,是一样快的。

麦克斯韦和他的同辈们并没真的为这个问题感到困惑。他们不能想象光波被赋予实体。相反,他们相信,正如水波是在液体中传播的扰动,光也是某种介质的扰动,他们称这种介质为**以太**;以太穿透整个空间。他们相信麦克斯韦方程的光速就是相对于以太的速度。但以太假说在1887年(爱因斯坦提出他的理论之前)就已经陷入困境了。凯斯西储大学的迈克耳孙(Albert A. Michelson)和莫雷(Edward W. Morley)认为,我们应该能够找到地球相对于以太运动的证据。他们做了一个著名的实验,没有找到以太假说的支持。至于这个实验在多大程度上影响了爱因斯坦,我们不是很清楚,也许真不那么重要。

爱因斯坦表面上夸耀麦克斯韦的"伟大的科学想象力"时,也许更是恰当的夫子自道。爱因斯坦剥去了以太的外衣,接受以场作为本来的实体。他指出,光速是场的内在物理量。这解决了麦克斯韦方程和以太的困境,但代价是牺牲绝对空间和时间。法国大数学家庞加莱（Henri Poincaré）预见了这种可能性。在协调迈克耳孙–莫雷实验结果与以太概念时,他写道:"我们不但没有两个时间相等的直觉,甚至也没有两个不同地方发生的事件同时的直觉。"庞加莱**几乎**已经有了爱因斯坦的相对论,但他对以太概念过于执着,没能迈出最后一步。

爱因斯坦奇迹年

1905年,在瑞士伯尔尼专利局任职的26岁的爱因斯坦,迈出了三大步。第一步,创立了狭义相对论。假如你没上过几年物理课而对相对论课程感到困惑,这是可以原谅的。困惑的一个原因是爱因斯坦有**两个**相对论:**狭义相对论**和**广义相对论**。两个理论的名字的逻辑有点儿费解:它们是两个完全不同类型的理论,广义理论根本不是狭义理论的推广。狭义理论已经被很好地认识和实验检验100多年了,而广义理论的证实依然是巨大的挑战,尽管现在支持理论的证据令人信服。这将是下一章的主题。我们现在关心的是狭义理论。

狭义相对论对牛顿的绝对时间和空间的概念有根本的修正。爱因斯坦在字面上用了麦克斯韦方程,断言光速是绝对的:任何观测者,不论相对于光源是运动还是静止,都将测量到相同的速度,通常用字母c表示,大约等于186 000英里每秒（300 000千米每秒）。但现在出问题了。假定运动的列车上有3个旅客,一个在车厢中间,一个在前端,一个在尾部。中间的旅客用灯向前后发出闪光。两端的旅客在接收灯光时记下手表的时刻。问题是,从地面的观测者看,因为旅客在运动,光赶上前端旅客要比到达尾部旅客跑更长的距离。那么,由于光线以相同速度运动,她会看到它先到尾部的旅客。这**正是**庞加莱困惑的问题。对列车上的旅客同时发生的事件,对地面观测者来说是不同时的。同时性概念是**相对的**。但并非一切都相对,大家认可同一个光速。

爱因斯坦把这些都精确化了,建立了联系相对运动的观测者所测量的时间间隔和空间距离的方程。尤其令人震惊的是,爱因斯坦的相对性原理把空间和时间融合起来了。我们所谓的时间,依赖于我们怎么运动,在空间什么地方。这要求将空间和时间看作一个整体——时空。我们不说生活在三维空间,而应该承认生活在**四**维时空,时间是第四维度。时间不再是绝对的,它对不同观测者以不同方式流逝。例如,假如我坐在飞速的火箭船上,我的时间就比静坐在地面上看着我飞过的观测者的时间流逝得慢。同样令人不安的是,两个事件的同时性也是相对的。

能量和动量等概念也是相对的。为使原理圆满,狭义相对论还指出静止的粒子有能量 $E = mc^2$,这是最著名的科学公式之一。他还更一般地发现了牛顿运动学的新形式。这些法则都经受了异常精确的实验检验。

另一方面,应该指出的是,在物体运动速度远低于光速 c 的情形,牛顿定律依然是正确和精确的。以光速运动,可以每秒钟绕地球8圈,或者在1秒半到达月球。没人经历过如此高速的事物。即使最快的火箭也要1个小时才能跑过光走1秒的距离。

更有趣的也许是,电子在原子中的速度大约是光速的百分之一。原子的相对论效应很小,但能精确测量,符合爱因斯坦理论。在现代粒子加速器中,粒子近乎以光速运动,我们在宇宙观测的物体也是一样。这两种情形下,相对论都完美解释了我们看到的现象。

狭义相对论代表了牛顿时空图景的第一次大变革。第二次变革发生在10年后的爱因斯坦的广义相对论,空间和时间将因大量物质或能量(如恒星、星系或黑洞)的存在而改变。爱因斯坦的狭义相对论虽然是牛顿运动学的巨变,却没动摇牛顿的物理学框架。我们将看到,广义相对论也一样,虽然它带来的改变更剧烈。牛顿和爱因斯坦为我们留下的物理学结构在今天被称为**经典物理学**。一场更为剧烈的变革还在酝酿中,那就是量子力学,爱因斯坦在他的奇迹年里也帮它启动了。但这场革命还需要等待一些时候。我们还是先来发掘广义相对论的天才吧。

◇ 第三章

我们的宇宙意味着什么

1905年,物理学家对决定两类力(电与磁的力和引力)的定律有了一定的认识。我们已经看到,电与磁的力的定律融合在麦克斯韦的方程中,迫使我们重新思考最基本的空间和时间概念。但牛顿的引力定律呢?它将如何净化绝对空间和绝对时间的观念呢?

1907年,爱因斯坦提出狭义相对论两年后,应约写一个理论评述。在写作过程中,他遇到一个问题:牛顿引力定律是否符合他的相对论原理?答案很简单:不符合。这实际上关系着牛顿引力定律的一个缺陷,在理论提出时就很清楚了。牛顿——和或许更重要的他的批评者——对他的理论的所谓**超距作用**特征感到非常困惑。譬如,在牛顿定律中,如果说太阳突然"跳起"(我们暂且勉强假想某个太空入侵者为它装了一个火箭),那么它对太阳系的行星的影响将在瞬间产生。这无视了行星遥远的事实。例如,海王星距离太阳很远,从太阳发出的光要4个小时才能到达它,而它却要在瞬间回应太阳的突然运动。牛顿因此受到批评——难道他以为有更高级的生物主宰着星星之间的力?但他的定律大获成功,几乎延续了200年,这个问题差不多被人遗忘了。实际上,直到20世纪初才可能真正检验这个恼人的特征。

随着狭义相对论的出现,人们不再可能对它视而不见了。如果说相对论原理适用于电磁而不适用于引力,那是没有意义的。我们很难理解,爱因斯坦的论断——某个时刻在空间某个地方发生的事件,只有至少等光从一处跑到另一处的时间之后,才能影响另一地方的事件——怎么会不能适用于所有自然定律。从实验和观测的角度看,这不是什么显著的问题,算不上一个理论危机。由于光速太快,牛顿理论的运行是非常良好的。在牛顿提出他的定律的200年里,天文学家遇到的大多数情形,都不可能发现信息和相互作用以有限(而非无限!)速度传递的效应,因为光速太快了。尽管如此,爱因斯坦还是开始考虑如何修正牛顿理论,既能保持它的巨大成功,还要它服从相对论原理。换句话说,新定律在所研究的物体运动速度远低于光速或引力作用不太强烈的情形下,将回到牛顿定律。

爱因斯坦达成他所说的广义相对论,经历了8年的奋斗,融合了天才卓绝的科学洞察和艰辛的探索。一路留下了很多失败的印迹。但这个理论比1905年的成就,更完整地表现了爱因斯坦的天才。牛顿引力定律与电荷的库仑力定律几乎是相同的,只要用质量代替电荷,两个定律看起来就一样了。爱因斯坦可能是从注意这一点开始研究他的问题的。电力由麦克斯韦方程描述,所以他希望为引力写出类似的方程。

这是我想到的路线,结果是失败的。但爱因斯坦在开始之前想得更深远。他惊讶于行星、恒星和其他天体都相互吸引却从不相互排斥分离的事实。这是不同于电力的地方——质子吸引电子而两个质子互相排斥。引力似乎总是吸引而从不排斥。这很难用库仑定律来比拟。相反,爱因斯坦从牛顿之前的观测找到了线索。

伽利略最有名的实验是他对落体的研究。古希腊哲学家阿基米德(Archimedes)断言重物体比轻物体下落快,这是合理的猜想,却不是基于仔细观察作出的判断。伽利略感觉问题可疑,于是用实验来研究。他是否真的从比萨斜塔落下不同质量的物体,是学者们争议的话题,但他确实做过实验,而且确认了不同质量物体在忽略空气阻碍情况下以相同速度落向地球。(在地球表面,一片纸比一块砖下落慢得多,是因为空气的阻力,但很容易用两个不同重量的重物在相同高度做下落实验。)在接下来的几个世纪里,很多研究者(包括牛顿)改进了观测。19世纪末,匈牙利物理学家厄缶(Baron Loránd Eötvös)做了一个非常灵敏的实验。他的策略是,将不同物体系在横杆上。在如此设计下,如果不同质料的物体以不同方式响应引力,则横杆会运动,否则不会。厄缶发现,对许多物质来说,引力响应是一样的,精度达百万分之一;现代实验将精度提高了几千倍。

在牛顿定律中,质量关乎惯性,即物体在力作用下的加速响应的速率。但它也关乎两个物体之间的引力的强度。牛顿(可能在伽利略影响下)假定这两类质量是相同的。但在他看来这就是一个事实,而不是什么深层原理强加的关系。厄缶(和其他人)在很高精度上确立了**惯性质量**与**引力质量**相同的事实。爱因斯坦从这个观察出发,并假定二者的等价是**精确的**。接着,他借日常生活的装置,做了一个非常简单却十分天才的思想实验。在建立狭义相对论时,爱因斯坦利用当时一项重要技术(铁路)的经验的类比来进行推理,现在他利用了一个更新的技术——升降机。他想象切断升降机缆绳,那么升降机就会自由下落(好吓人的场景)。他注意到,由于假定了惯性质量与引力质量等价,自由下落的升降机中的观测者将经历我们常说的失重。例如,他们会漂浮在升降机里,或者也可以无重力感觉地来回传球。似乎没有引力作用在升降机的物体上。不幸的是,乘客只能坚持到升降机撞到升降机井的底部。不过,我们今天通常在太空旅行中实现失重。国际空间站在环绕地球飞行时,就是在**自由下落**。它因地球的引力而下落,而它留在轨道上是因为向下的引力正好被最初发射提供的动能抵消了,从而令飞船一直保持环绕地球的状态。关闭飞行器的引擎一段时间,也能实现自由下落效应。这是宇航员训练的常规动作。有名的事件是,伟大的引力理论家霍金(Stephen Hawking)在2007年被招待玩过这种飞行。*

　　爱因斯坦没有这种经历的优势,当年最高的建筑也只能下落四五秒。但他意识到从伽利略和厄缶的实验可以导出失重现象。爱因斯坦称他的这一认识是"一生最幸福的思想",并将它提升为一个原理:没有实验能区分引力场中的自由下落与(升降机里的)均匀加速运动。他指出,这个假说(即"等效原理")将适用于所有自然定律:引力的、电磁的和尚未发现的。

　　从这个原理到数学方程经历了漫长的奋斗。爱因斯坦大概知道他在寻找什么,但他踏上旅程时还没有掌握能实现它的恰当数学。德国格丁根的数学教授希尔伯特(David Hilbert,当时最伟大的数学家之一)知道所要的数学,而且也在寻求引力理论:假如他完全理解问题的物理本质,那么他很可能率先得到广义相对论,事实上他也几乎做到了。不过,爱因斯坦在1915年完成并发表了他的广义相对论。理论满足他的基本要求。首先,它符合狭义相对论原理。例如,引力相互作用以光速传播,不存在超距作用。其次,它融合了等效原理。最后,它在极端条件下回归到牛顿定律。在典型的恒星和行星周围,新理论的修正是非常微小的。

　　爱因斯坦的理论呈现了崭新的空间和时间概念。它们不再是永恒不变的,而要响应物质的存在。空间可以弯曲,时间在不同大小的物质聚集附近可以流逝得更快或更慢。理论的原理简单,但数学相当复杂而计算也可能非常困难。尽管如此,熟悉它的多数物理学家和数学家还是夸它美妙无比。然而,爱因斯坦并不仅仅关心宏大的原理和美妙的数学,他也关心理论的观测结果。由于在大多数条件下理论对牛顿定律的修正极其微小,他不得不寻找效应虽小但足以探测的情景。他

---

* 事见YouTube,https://www.youtube.com/watch?v=OhIpdSZQZlI.

提出了3个有可能用当时技术实际检验的预言。

一个预言(也许更恰当地说是"后言")解释已知的水星运动的疑惑。太阳主宰着每颗行星,行星也相互吸引,但这些效应都相对较小。首先,如果考虑太阳的引力,牛顿已经证明行星如开普勒观测的那样沿椭圆形轨道运动。根据牛顿理论,如果忽略其他行星的引力,轨道将永远保持其形状和方向。

即使在牛顿时代,天文学家研究行星运动也很精确。他们在纸上仔细计算了轨道,修正了各种微弱效应(如行星之间的引力效应)。他们比较了计算与同样仔细的观测结果,发现行星之间的引力和其他效应带来的修正,将导致轨道缓慢偏离牛顿的结果;椭圆将随时间逐渐旋转。对高中解析几何记忆比我好的同学们或许知道,这就是行星近日点的进动。早在1850年代,天文学家就注意到了水星的进动并不**精确**符合牛顿定律预言的速度;还存在微小的偏差。他们提出了各种解释,如小行星或尘埃的影响,但都不令人信服。

爱因斯坦知道水星运动的偏差。他意识到,水星作为距离太阳最近的行星,经历着最强的引力,因而是检验他的理论的恰当试验场。他开始计算对牛顿结果的修正,发现正好能解释观测到的进动。我只能勉强想象他当时的感受。对物理学家来说,发现一个新的自然定律将是最高的成就。我曾猜想过好几个,但每个正确的可能性都不高。实际上,爱因斯坦回忆说,水星近日点的正确结果令他非常兴奋,心跳都加速了,他相信他的理论是正确的。

不过,创造理论来解释可能的观测偏差仍然是"常规"科学的领域。更好的就要来了。第二个预言是真正的预言,就是说他提出了以前没做过的观测并预言了结果。在牛顿理论中,引力被描述为对质量的作用。通过太阳附近的卫星的路径将在太阳引力作用下发生偏转。但在狭义相对论中,质量只是能量的一种形式,而在广义相对论中,引力作用于所有形式的能量。光没有质量但携带能量,所以光线在经过强引力物体附近时会偏离直线。1911年,在理论完全成熟之前,爱因斯坦就计算过这种效应。他发现应该能够看到与太阳连线的恒星会在日食期间发生微小的位置变化。

爱因斯坦是天才,也很幸运。我说过,广义相对论的数学很复杂,在当时还相当陌生。他第一次计算光线因太阳偏折时,理论尚未最后成形,结果证明他的计算错了。如果将光能量通过 $E = mc^2$ 转化为等价质量,那么用牛顿理论也能得到这个错误的结果。1912年和1914年,两度观测日食的光线偏折的考察都没结果,第一次是因为下雨,第二次是因为第一次世界大战爆发而被取消了。1915年,他发表了最终形式的广义相对论,得到了光线偏折的正确结果,发现它是牛顿数值的两倍。因战争阻碍,直到1919年才继续新观测。那年,英国天文学家爱丁顿(Arthur Eddington)和格林尼治天文台的克罗姆林(Andrew Crommelin)分别率远征队去普林西比岛和巴西,成功观测到了光线偏折效应。结果在皇家学会和皇家天文学会联合会议上宣布:爱因斯坦的预言被证实了。当时爱因斯坦在科学界已经有些名气,大众媒体偶尔会出现关于他的文章,但现在,他的名字妇孺皆知了。1919年11月17日《泰晤士报》(London Times)的头条标题颇有代表性:"科学革命,宇宙新理论,牛顿思想颠覆"。

我上学时,爱因斯坦的广义相对论是一门迷人的课程——任何自诩理论物理学家的人都知道它有多迷人。不过,如果真说自己要以它为**业**,是会遭白眼的。那时只有非常有限的证据证明这一理论是正确的(除了近日点和光线偏折,就只有所谓的**红移现象**),看上去可能只有梦想家才会想象新的检验。更糟糕的或许是,当它与量子理论(下一章的主题)结合时,似乎没什么意义。解决**这个**问题更可能将你推向深渊。不过,当时的大理论家,如费曼和朗道(Lev Landau,20世纪最伟大的苏联理论物理学家之一)还是做过一些事情。最有名的大概是霍金,他在1980年代提出了一些新问题,挑战广义相对论和量子力学**能够**调和的观点,还指出有必要重建量子力学。

在我的求学过程中,这一切给我带来了巨大改变。爱因斯坦理论现在是久经考验过的理论,我们对广义相对论的理解是宇宙探索的重要工具。黑洞观测几乎成为常态。广义相对论是决定宇宙组成的重要工具,而且我们将看到,它也是认识大爆炸的根本。最近,这一理论在100年前预言的引力波被发现了,打开了天体物理学现象的新窗口。广义相对论甚至在我们的导航软件(通过全球定位系统即GPS)中也发挥着作用。在量子力学方面,我们同样学会了很多,尽管对我们已知事物(和未知事物的线索)的实验证明可能还没有到来。

把握广义相对论的时间

爱因斯坦在1915年论文中提出的两个实验检验我们在上面说过了:水星轨道的进动和光线被太阳偏折。第三个预言直接与时间有关。在狭义相对论中,两个相对运动的观测者不仅不能达成一致的时间,也不能赞同两个事件同时发生。在广义相对论中,情形变得更为极端。例如,在邻近大质量恒星的引力场中,时间流逝非常缓慢。这个被称为**引力红移**的效应,最先由庞德(Robert Pound)和雷布卡(Glen Rebka)在1959年的实验中发现。效应在地球上很微弱。两人在引力导致的一种特殊原子过程(穆斯堡尔效应)中测量了频率(每秒的振动次数)变化。效应只有千万分之一! 想象作为时钟的原子每秒振动 2×10^{19} 次(或者说每 5×10^{-20} 秒即5万亿亿分之一秒振动1次)。庞德和雷布卡的精巧实验在哈佛大学的一座实验楼里进行,他们观测到1秒大约 10^{12} 次振动变化,这可是发生在 10^{-26} 秒内的变化! 在太阳表面,引力强度大约是地球的3000倍,因此时间慢千分之一。

在中子星附近引力场中,这个效应会更显著。中子星是超新星爆发(宇宙间最剧烈的事件之一)的残骸。它们一般具有与太阳差不多的质量,但挤压在1千米的半径内(而太阳的半径大约是700 000千米)。所以,中子星密度大约是太阳的10^{18}倍——之所以称中子星,是因为它基本由中子聚集在一起。在中子星表面,地球上1克(一小勺)质量的水将重达10 000吨(地球表面的10亿倍)。在这样的环境下,时间会真正慢下来。通常的一小时大约会拖延到两小时。它依赖于中子星的精确质量,实际上有可能变得**更**慢。

好戏才开始呢。中子星差点儿就变成黑洞,而黑洞内部与周围的空间和时间是真的荆棘丛生。实际上,质量与太阳差不多的黑洞可能像中子星一样从星体坍缩而来。

在中子星附近,生存可能都成问题。不仅你的体重将是地球表面的10亿倍,你脚下的引力也远大于你头顶的引力。你会被多出来的百万吨力撕得四分五裂。

不必担心。我们不会在近期去中子星旅行,如果有人能从旁边经过,他当然会小心避免靠得太近。除了作为科幻小说的情节外,这个例子只是拿来说明引力有着怎样极端的效应。特别说来,太阳附近微弱的光线偏折效应将被中子星放大。中子星表面发出的一束光将被强大的引力拉扯,几乎跑不出去。

黑洞是比中子星更极端的情形。1939年,当时在加州大学伯克利分校的奥本海默和他的学生斯奈德(Hartland Snyder)最先想到了黑洞。他们意识到,星体坍缩可能不仅生成中子星,还应该有更致密的东西——致密到**光都不可能克服其引力吸引而逃脱出来**。不久,奥本海默就投身曼哈顿计划(美国在二战时期发展核武器的工程),后来便转做科学管理和科学政策工作,再也没回到他的黑洞考察——许多人认为这是他最重要的纯科学成就。最终分析奥本海默–斯奈德研究结果的是普林斯顿物理学家惠勒（John Archibald Wheeler）。实际上，用**黑洞**一词来命名那种物体的正是惠勒。根据惠勒和后来研究者的认识，如果星体爆炸后留下的物质团块足够重，它就会强烈扭曲空间和时间，使它永远从人们视野中消失，正如由于地球曲率的原因，我们不再能看到海上消失在地平线外的轮船。（当我们看海时，如果从离海平面100米的高度望去，到地平线的距离大约是22英里。）刻画黑洞只需要几个简单的性质——质量、电荷（可能没有）和绕自己轴线的旋转速率（正如地球大约每24小时绕地轴旋转一周），而关于原始星体的其他每一点信息似乎都丢失殆尽了。

黑洞的这个地平线——通常叫**事件视界**——是一个奇异的地方。可以认为它是黑洞的表面。在从中心到视界的距离，时间和空间混在一起了——时间行为像空间，空间行为像时间。这其实是一个不归点，落入黑洞的物体不可能再跑出来，从中心发出的光也在这里终止。牛顿的绝对时间概念显得更加委顿了。

然而，对质量足够大的黑洞，旅行者乘火箭穿过视界不会看到任何奇怪的事情。只有当他们不能与控制中心联系时，才会发觉问题。真正的灾难将发生在他们趋近黑洞中心的时候，正如中子星的情形一样，他们将在那儿被撕裂。在这个点上，尚不清楚我们的空间和时间概念有什么意义（可怜的航天旅行者才不在乎呢）。物理学家和数学家称黑洞中心为**奇点**，爱因斯坦方程在这个点（和附近）将不再有意义。那么在中心处到底发生了什么？

我读研究生时，黑洞还是玄想的东西。天文学家有一个黑洞候选者，是一个叫天鹅座 X-1 的天体，这是距离地球约6000光年的一个双星系统，由一颗可见的恒星和另一个致密天体构成，两个天体相互绕着对方旋转。第二个天体质量很大，可以通过它对第一个天体的效应来探测。这个系统还发射X射线。这些年来，通过对这对天体（当然不是黑洞本身)发出的辐射的研究,证实天鹅座含有一个黑洞。X射线是星体碎片被黑洞吸收时发射的。黑洞的质量可以从它对可见星体运动的影响推测出来。实际上,天文学家**知道**,任何如此质量的天体,如果是由普通恒星坍缩形成的,那就是黑洞。

如今黑洞几乎成了老生常谈。已知有很多像天鹅座X-1的天体,与其他星体成对,被它们发射的X射线暴露出来。近几年,我们通过它们碰撞时发出的引力波发现了更大质量的黑洞。也许更令人震惊的是在许多星系(包括我们银河系)中心发现的超大质量(大约是太阳质量的400万倍)黑洞。于是,大自然让我们直接面对爱因斯坦理论所要求的扭曲的空间和时间。

2020年,根策尔(Reinhard Genzel)、盖兹(Andrea Ghez)和彭罗斯(Roger Penrose)因黑洞研究的成果获得了诺贝尔奖。盖兹是研究超大质量黑洞的,我特别高兴她能获奖。十多年前,我应邀在国家科学基金会和能源部资助的一个会上报告粒子天体物理的未来。那时PPT软件刚开始流行,我还是用记号笔和塑料纸(叫透明胶片)准备演讲。在我的会场,第一个讲话的是美国国家航空航天局(NASA)的高级主管。他用漂亮的PPT幻灯片,谈了他们的星系中心黑洞成像计划,这在当年还是一个玄妙的主题。我为自己的老套工具感到沮丧。幸运的是,接下来讲话的是著名的望远镜设计师安杰尔(Roger Angel),他的胶片全是黑白的,几乎看不清。我的至少还是多色的,而且很整洁。不过,就整个华丽的幻灯展示来说,我真正想说的是,仅仅两年后,我听说盖兹通过研究星体环绕黑洞的轨道,揭示了黑洞的存在,而我正好在课堂上用着她的网页的图片。盖兹后面将在我们的故事中出场。

大爆炸

当我们将宇宙作为整体考虑,空间和时间概念会面临更极端的威胁。时间似乎必须有一个起点。

在爱因斯坦的理论中,能量令时空弯曲。但即使在太阳表面或水星轨道,这种效应也是非常微弱的。所以爱因斯坦等人勇敢地转向他们所能想象的最大能量总和——整个宇宙。我说他们勇敢,是因为与今天相比,那时的天文学家对我们银河系也只有有限的认识,对我们今天知道的远到130亿光年的宇宙图景更是一无所知。

即使有了20世纪初的那点知识,将宇宙特征写进爱因斯坦方程也是一个问题,那是当时的铅笔加纸张的技术所无法解决的。爱因斯坦一开始就用了一幅简单的、乍看十分疯狂的宇宙图像。他假定无论在什么地方、从什么方向,宇宙看起来都是一样的。当然他还没有完全疯狂——他只是以假说的方式认为,不论从大尺度看还是粗略地看,宇宙都具有上述性质。想象从太空看地球。你两眼看到的是彩色的球面,而分辨不清表面的细节结构。这是爱因斯坦的"宇宙学原理"的本质。但在当时,没有任何证据支持这个哪怕只是粗略形式的假说。

这个假定的结果是全新的东西——整个宇宙的模型,而且是一个有精确实验观测预言的模型!相关方程是圣彼得堡的俄国物理学家亚历山大·弗里德曼(Alexander Friedmann)在1922年首先导出并求解的。解的最显著特征是宇宙不是**静态的**,而是随时间膨胀。这个论断令人颇感疑惑。宇宙膨胀是什么意思?我们拿吹气球来类比(这跟模型的数学相差不远)。在吹气球之前,在表面标记一些点,代表二维宇宙(就是气球球面)的星体或星系。现在,气球吹胀了,会发生什么呢?随着气球的膨胀,球面的点会相互远离。从任何一个星体(点)的观点看,其他星体都在离开它。爱因斯坦的理论准确预言了这种行为——只不过它在三维空间的世界而非二维。它还预言了星体离开我们的速度正比于它到我们的距离。

为理解这一思想飞跃的性质,需要知道当时人们对大尺度宇宙的认识是多么有限。实际上，只是到了那个时期，天文学家们，其中最有名的是哈勃（Edwin Hubble），才发现我们银河系之外存在其他星系。哈勃生于1889年，经过一段弯路才走进天文学。他先听从父亲的要求学法律，然后又在中学教书；父亲去世后才去芝加哥大学读天文学研究生。一战期间短暂服役后，他又到英国剑桥大学继续研究天文学，1919年在加州帕萨迪纳的威尔逊山天文台谋得一个职位。当时世界最大的天文望远镜就坐落在那里，为他打开了梦寐以求的宇宙大图景。那时，很多天文学家相信银河**就是**宇宙。哈勃的研究改变了他们。他**证认**了不同的星系，测量了其他星系相对于我们的运动速度。他发现，总体上看，所有星系都在离开我们，离开的速度正比于到我们的距离。那个比例系数就是著名的哈勃常数。

我记得是在研究生期间的一个学术会议上第一次知道了哈勃常数的测量。报告人是天文学家特林布尔（Virginia Trimble），当时她停顿了一下，然后说这个结果可以理解为证明了哥白尼（Copernicus）是错的；我们确实处在宇宙的中心。接着她提出了另一种解释——就是我们前面看到的，将宇宙视为气球，它的膨胀在每点看起来都是一样的。

不管怎么说，哈勃最初的结果完全符合爱因斯坦理论的预言。哈勃的测量其实并不十分精确。他的宇宙膨胀速率的结果几乎比我们今天知道的数字差了10倍。但他的工作开启了百年的求索：认识宇宙历史、探究宇宙的大尺度结构、检验爱因斯坦理论。

爱因斯坦理论从宇宙今天看起来的样子预言了宇宙在膨胀。相应地，如果回溯过去，宇宙是收缩的。如果回溯足够远，宇宙会无限小——所有事物都聚集在一起——其紧致程度超出人们的想象。数学家将爱因斯坦方程中的时间起点描述为一个奇点。方程在奇点将失去意义。这就是我们所说的**大爆炸**的瞬间。爱因斯坦理论在这个时刻崩溃了。崩溃确切发生在什么时候，在那之前发生了什么，将是我们探索的核心问题。不过现在我们只是像爱因斯坦和他的同辈那样，将这个结果视为方程的一个特征。

时间有起点的思想可能令人困惑，也可能令人动心，主要看个人的世界观。它肯定令英国大天文学家霍伊尔（Fred Hoyle）困惑了，他认为这简直就像宗教而非科学。实际上，正是霍伊尔在一个广播讲话中提出了大爆炸的名字，他并不是用这个词来赞美理论（后来他声明没有拿它来侮辱理论）。但我们将看到，支持理论的证据在过去几十年里令人应接不暇。同时，大爆炸的名字也固定下来了。1993年，《天空与望远镜》（*Sky & Telescope*）杂志搞了一个新名词竞赛，反映理论的进展状态。但大爆炸的说法已深入人心，他们觉得最好还是不要画蛇添足弄什么新名词了。

宇宙简史

当我们回望遥远的过去，经过爱因斯坦两次修正和细化的时间概念，至少在大爆炸时刻之后是安然无恙的。所以我们可以尝试将宇宙历史构建回到极早期。关于大爆炸3分钟以后的宇宙状态，我们有很好的理解和可靠的证据。我们可以追溯那以后的各个时期，展望至少数百亿年的未来。

回望宇宙时，我们现在看到的事物——恒星、星系和尘埃粒子——都挤压在一起。在很早的时期，行星、恒星和星系都还是破碎的原子集合。它们相互撞击，然后变热。宇宙变得越小（在历史回放的场景中），就变得越热。

如此倒转时钟令人眼花缭乱。俄国流亡物理学家伽莫夫（George Gamow）和他的研究生阿尔弗（Ralph Alpher）在二战后不久，发展了一种更有意义的方法。伽莫夫从苏联逃出来，1933年先到法国，次年转到美国。他的余生在圣路易斯华盛顿大学和科罗拉多大学博尔德分校当老师。他对核物理有令人瞩目的贡献。他也是成功的科普作家,而且喜欢玩恶作剧。但他特别重要的贡献是将爱因斯坦的宇宙学推到了恒星和行星形成前的时期。由此才形成宇宙自极早期以来的历史,才有可能观测检验哈勃的宇宙膨胀以外的现象。

伽莫夫和阿尔弗一开始就假设大爆炸后若干秒存在某个宇宙**极热**的时刻。他们推测温度比太阳中心温度高数百万倍,约2700万华氏度(约4500万摄氏度)。

温度是原子和分子运动速度的度量。我们周围空气的分子在室温下运动很快——通常大约为100米每秒或100千米每小时。它们朝各个方向运动,相互碰撞(也跟我们碰撞,令我们感觉热)。虽然分子运动很快,但跟光(爱因斯坦以后速度的黄金标准)比起来还是极其缓慢的。在太阳中心,温度比室温高10^5(即10万)倍,原子运动速度大约为光速的10^{-4}(万分之一)。这个速度够快了,足以使电子跟质子分离;太阳核心几乎完全是电离气体。但伽莫夫和阿尔弗推测,在这样的温度下,不仅所有气体电离,原子核本身也会解体。他们构想了一个由独立且自由运动的质子、中子、电子和光子(构成光的粒子,是我们整个故事中的重要角色)构成的宇宙。他们想象温度大约为10^{14}度(华氏、摄氏或开尔文对这样的温度都没什么影响。例如,1万亿摄氏度大约等于2万亿华氏度,开尔文温度只比摄氏度多273)。

除了高温下的质子、中子、电子和光子,还有一种奇异粒子,将反复出现在我们的故事里,它叫中微子。中微子能维持质子和中子数的基本平衡,在其中发挥着双重作用。首先,它与质子碰撞生成中子和其他粒子;其次,中子可以辐射衰变,生成中微子、质子和电子。光子与质子碰撞将阻碍质子和中子结合形成更复杂的原子核,与电子碰撞则阻止原子的形成。

但宇宙随着膨胀而冷却,会减缓其不同组成物质的运动。最后,中微子不再有足够的能量将质子转变为中子。有些中子发生衰变,有些结合质子形成氢的同位素,其原子核有一个质子和一个中子,叫氘。质子和中子也可以结合形成更复杂的原子核,如氦和锂。实际上,宇宙的许多物质,如氘、氦和锂核,都是这样形成的。更重的核则在以后主要通过恒星中的氢燃烧形成。轻元素在早期宇宙形成的过程叫原初核合成,大约发生在大爆炸之后3分钟。对某个时段,我们很清楚核反应和宇宙的性质,能预言每种轻元素应该有多少。天文学家测量了氢、氦和其他轻元素在宇宙的比例,与理论预言十分吻合。*

但从这些考虑中涌现出另一个令人震撼的预言。在这个阶段,宇宙仍然是极端高热的,它还不够冷,要等温度降到百万开尔文(或200万华氏度)以下才可能形成原子。在伽莫夫和阿尔弗开展研究时,他们只是大概知道宇宙在那个时段有多老。我们现在知道中性原子大约形成于大爆炸10万(10^5)年后。如果说轻元素丰度是最初3分钟的残留痕迹,那么这个10万年标志着有更显著的遗迹——充满宇宙的微波,即宇宙微波背景辐射(CMBR)。这个时期叫**宇宙重组**时代。

在这个时期之前,光子——爱因斯坦1907年提出的组成光的粒子——不断与电子和质子碰撞,只能在粒子间运动很短的距离。然而,一旦宇宙由中性原子构成,光子就能几乎毫无阻碍地穿过整个宇宙。伽莫夫和阿尔弗认识到,这些光子今天仍然围绕在我们周围。在宇宙重组时代,它们将具有可见光的波长。根据爱因斯坦的引力红移,典型光子的波长会长得多,接近电磁炉里的微波。

宇宙微波背景辐射是1964年被令人惊讶地偶然发现的,差不多是在伽莫夫和阿尔弗研究工作的20年后了。当时有几个隶属大公司的工业实验室,特别有名的如贝尔实验室,在新泽西州有几处场地。贝尔

---

* 对一些特殊原子核(如锂核)还有一定偏差。至于这是同位素丰度的计算还是测量的失败,目前还存在争议,也可能是发生了更重要的事情。

实验室由 AT&T(美国电话电报公司)运营,当年 AT&T 是电话通信业的龙头。另一个实验室是 IBM(国际商业机器公司)在纽约约克敦海茨的研究中心。这些实验室的科学家从事与企业要务直接相关的研究,但他们也经常能自由探索他们发现有科学意义的问题。在新泽西州霍尔姆德尔的贝尔实验室工作的物理学家彭齐亚斯(Arno Penzias)和罗伯特·威尔逊(Robert Wilson)建造了一个为射电天文学设计的大型天线。作为优秀的实验家,他们首先想到的是检验自己的仪器,便将天线对准一块他们认为没有电波信号的天空,目的是**验证**他们接收不到任何信号。然而,他们发现了令人震惊的东西,类似于你调汽车收音机时听到的背景噪声。他们最初认为这反映了仪器问题,于是开始一系列检查和测试,想找出问题来源。当他们看到有鸽子在天线上筑巢时,就更觉信号可疑,甚至以为鸟粪是罪魁。他们拆卸并清洁了天线,但信号依然存在。最后,他们与普林斯顿的天体物理学家迪克(Robert Dicke)和皮布尔斯(Jim Peebles)会面。那两位正研究宇宙微波背景辐射问题,皮布尔斯做理论,迪克设计寻找它的实验。他们向贝尔实验室的两个研究者解释了背景辐射的预期频率和强度,彭齐亚斯和威尔逊立刻着手确定这是否就是他们发现的信号。当然,故事的要点就是,它是。最初数据很少——只知道几个频率值的信号强度,但在接下来的几年,专门测量令情况大为好转。很快就弄清了信号强度,也发现了它对强度的依赖方式恰好符合伽莫夫和阿尔弗(以及后来的皮布尔斯和其他人)所作的预言。实际上,今天理论与实验已经达到了近乎完美的一致性。

微波辐射的谱以一种普适的方式依赖于辐射的温度。所以辐射的测量提供了今天宇宙温度的量度。但它还给出了更多的东西:检验了宇宙学原理。天体物理学家通过研究从不同方向到达地球的辐射,发现温度在所有方向都是高度相同的。因为辐射来自遥远的距离(已经走过了 135 亿年),这个证据表明,正如爱因斯坦假想的那样,在大距离尺度上，宇宙在各个方向都是处处相同的。相应地，在过去几十年间，对非常遥远的星系的探测也证明，从大尺度看，物质以相同方式在所有方向均匀分布。天文学家说宇宙是均匀（光滑）的和各向同性的（在所有方向都相同）。

可是，从一定意义说，这结果也好得太假了。宇宙当然不是完全均匀和各向同性的。最合理的解释大概是，在宇宙开始时，只有很小的非均匀性和各向异性，这些缺陷随宇宙膨胀和老化而增大。但长期说来，在宇宙微波背景辐射中没有这方面的证据。实际上，人们很快就测量出宇宙微波背景辐射在万分之一精度上是均匀的和各向同性的。

这样我们便从实验和观测得到了宇宙从大爆炸3分钟以后直至今天的130多亿年的历史。然而我们仍然不知道爱因斯坦方程的奇点意味着什么，以及宇宙是否真有一个起点。

一

第二步

◇ 第四章

量子力学能预言未来吗

　　本章掉转方向,离开大宇宙,探索小尺度的世界。我们对自然的理解将发生深刻的改变。我读大学时,女朋友常抱怨我对物理的兴趣——"它太机械了。"牛顿的宇宙观**是**非常机械的。它告诉我行星此刻在哪儿,运动多快。如果有好计算机,我能告诉你它未来任何时刻的位置。也许这就是我,但我并不觉得那有多无聊。不过我还是有些尴尬,想给她留下我对历史和文学感兴趣的印象。

　　爱因斯坦的相对论以更有趣的方式描述了运动,但事情还是一样的:如果天文学家知道星系此刻的位置和速度,那么她就能用爱因斯坦方程确定它以后任意时刻在什么地方。可在原子和更小事物的尺度上,事情变得完全不同了。在读书期间,我明白了科学必然会以某些新奇的东西取代牛顿的世界观。自然由一些不可思议的法则描述,它们不再顺应我们对事物运动的直觉;而人类能发现这一点,在我看来,曾经是——而且一直是——完全令人敬畏的。这就是量子世界。

　　虽然我不是进化生物学家,但牛顿建立的那种未来预言似乎是我们进化程序的自然延伸。寻找食物、躲避落体、看准抛射物,或者面对其他生存挑战,都需要在短时间内预测事物怎么降临,以什么速度穿过空气。然而,19世纪末和20世纪初,物理学家开始认真研究原子,惊愕地发现牛顿和爱因斯坦的法则不能用了。也许这并不奇怪,毕竟生物进化没有要求人类一定要能理解原子或更小事物尺度上的自然。老天没有让我们去探究小事物的运行原理。但人类想去了解。

对物质组成的猜想至少可以追溯到古希腊人,但千百年来一直**只**是玄想;关于世界**可能**以什么方式运转的思想,都没有任何证据。19世纪,一切都变了。化学家发现了元素的模式,意味着他们试管里的样本是大量具有特征性质的原子的聚集。法拉第(我们在讨论电磁现象时遇到过他)用电流做了一系列实验,发现可以这样来解释:如果存在原子,那么其本身是由带电粒子组成的。他的一句话反映了原子假说的状态:"我们不能不产生某种微小粒子的概念,它向我们思想深处呈现……存在大量事实支持我们有理由相信物质的原子以某种方式赋予了或关联着电的力量,它们因此才有了令人瞩目的性质。"*麦克斯韦(他也为我们对电磁的认识作出过重大贡献)建立了一个理论,用原子解释了观测的气体性质。像古希腊人一样,他相信原子是不可破裂的("**原子**"一词在希腊语中就是"不可分割"的意思):"尽管在历史进程中,发生过很多灾难,而且还将发生,尽管古代体系可能解体而新体系在它们的废墟上演化出来,从这些体系形成的[原子]——物质宇宙的基石——仍然是牢不可破的。它们至今还是刚产生的样子——完美保持着数量、大小和重量……"**麦克斯韦成功的气体图景包含了大量的原子,它们遵从牛顿定律在运动,仍然没有给经典的世界观带来威胁。但还没有一个精确的原子图景。

真正的挑战随着19世纪的谢幕和20世纪的黎明来到了。其中的两个将特别打破牛顿的世界观。第一个是贝克勒耳(Henri Becquerel)

---

* 转引自Pais。(原书注释似乎忘了所引Pais的书名,容易误会为前面注释提到的那一本《爱因斯坦传》。这里应为Abraham Pais, *Inward Bound: Of Matter and Forces in the Physical World*, Oxford University Press, 1986。这段引文见原书第4章第72页。以下几个注释也指这本书,译者补充了章节和页码。——译者)

** 转引自Pais,第4章,第72页。

在 1896 年发现放射性。贝克勒耳是他的家族在巴黎自然史博物馆的第三代物理学家(后来还有第四代)。他本来想做实验以理解新近发现的 X 射线现象,却偶然发现了铀发出的射线可以在照相底片——数码相机(更别说手机)时代之前用于成像的感光材料——上留下影像。

玛丽·居里(Marie Curie)当时还是一位年轻的科学家,正渴望找到有趣的问题,便决定研究这些"贝克勒耳射线"。她很快就证明辐射是原子的内禀性质:不同组成的相同元素仍然以同一方式辐射。她还发现在她的镭样品(不太纯)中存在着其他放射性元素。从我们故事的角度说,她很快还取得了另一项关键突破:她证明了辐射量正比于特定辐射元素的量。她和其他人都意识到,这意味着不可能预测单个原子什么时候衰变,而只能确定任何给定的原子都有在(比方说)下一秒发生衰变的概率。牛顿的溃败就在眼前了。

我们有必要暂歇一会儿,看看玛丽·居里作为科学家如何令人钦佩,而她的生活又是多么丰富多彩。玛丽生在波兰,本名玛丽亚·斯可罗多夫斯卡(Maria Sklodowska)。她先帮助姐姐布罗尼斯瓦娃(Bronislawa)去巴黎学医。1891 年开始,姐姐又支持她在巴黎索邦大学学物理。前面讲的研究是她博士论文的一部分。在这期间,她遇到了年长一些且已成名的物理学家皮埃尔·居里(Pierre Curie),和他结了婚。当玛丽决定研究她样本中的其他放射性元素时,皮埃尔认定这比他自己的研究更重要,于是放弃了自己的工作,给她当助手。在他们实验室工作过一段时间的一个科学家写道:"过去有(现在还有)很多个性鲜明的协同合作的科学家夫妇,却从来找不出第二对这样的男女组合,每个人自己就有资格代表大科学家;也不可能找到第二个这样的典型,丈夫和妻子互相欣赏和爱慕,而在科学和生活中又完全保持独立的性格。"* 接下

---

* 转引自 Pais,第 3 章,第 52 页。

来，她两度获得诺贝尔奖，一次是物理，一次是化学；她也是索邦大学的第一个女教授。这一切都发生在妇女拥有选举权之前！

我们下面将会看到，对认识原子起关键作用的另一个物理学家是卢瑟福（Ernest Rutherford）。他也是在贝克勒耳的发现之后投身放射性研究的。他来自新西兰，曾在蒙特利尔的麦吉尔大学做教授，在剑桥大学就职前还去过曼彻斯特大学。卢瑟福是孝子，后来也是尽责的丈夫和父亲。1902年，他给新西兰的母亲写了一封信，令我相信了居里是多么光耀照人："我必须不停地走，同道中人太多了。我必须尽快发表现在的研究，才不至落伍。在这条竞赛的路上，领跑的是贝克勒耳和巴黎的居里夫妇，过去几年里他们在辐射体问题上做了很多重要的工作。"*

在放射性发现的同时，经典物理遭遇了第二个大挑战：认识物体在高温下发出的辐射的本质。假如你站在一个热物体（如火锅）旁，你会感到热。这不仅是因为热锅加热了空气的分子，还因为它发射了一种电磁辐射：红外辐射。这种辐射是眼睛看不见的，但它引起皮肤分子的振动，让你感觉到热。这类辐射在19世纪末就在实验上研究了，叫**黑体辐射**。整个宇宙就像一个黑体；它当下的温度是2.7开，这就是宇宙微波背景辐射，我们已经看到，它在我们认识大爆炸中起着关键作用。根据麦克斯韦关于一定温度的粒子系统行为的思想，可以用经典物理计算黑体在特定频率下产生多少辐射。结果预言黑体不仅产生红外辐射，还有其他所有类型的辐射：微波辐射、可见光、紫外线、X射线和γ射线等。实际上，存在无限多种可能的辐射，相应地，理论预言热物体会产生无限多辐射能量。这当然是没有意义的，这种频率个个平等并不符合实验观测，例如，300摄氏度的物体发出的辐射，大多是红外的。

在这个关头，普朗克（Max Planck）出场了。从多方面说，普朗克做

---

* 转引自Pais，第3章，第62页。

人和做科学都是传统保守的,但为了解决辐射难题,他迈出了革命性的一步。在牛顿物理学中,能量可以是任何数值,构成数学家所说的连续统。换句话说,可以有 1.000 000 单位的能量,也可以有 1.000 001 单位的能量;能量可以变化到小数点后任意位。普朗克提出一个假说:对原子系统而言,能量只能取特殊的离散的数值,如 1.000 00、2.000 00,等等。他指出,可见光的这些值远大于红外线,X 射线的值更大,而 γ 射线还要大。对黑体辐射来说,之所以没有可见光、X 射线和 γ 射线,是因为物体温度不满足产生那些最低能量包(或称能量的**量子**)的最起码要求。普朗克的假说完美地符合了观测数据。1905 年,爱因斯坦在为他赢得诺贝尔奖的论文中,将普朗克假说用于另一个方向,断言物质对光的吸收和发射一样,是以离散的能量单位发生的。1907 年,他又迈出一步,指出光本身以离散的量子(或粒子,被称为**光子**)形式出现。现在,牛顿的观点陷入了困境。在牛顿物理学中没有东西能解释能量的离散性,也就是人们后来所说的**量子化**。

经典世界观所遭的致命一击来自原子结构的发现。19 世纪末和 20 世纪初,工具的进步使人们能"看见"原子和它的组成部分。发现的第一步是剑桥大学汤姆孙(J. J. Thomson)发现的电子。1897 年,汤姆孙在研究气体中的电流。他可以证明这种电实际上是大量微小粒子(电子)的流,并测量了粒子的质量和电荷。他还能说明电子比氢原子轻得多。

于是,原子不再是不可分裂的,但它们是什么呢?汤姆孙提出一个图景,其中电子混在一堆带正电荷的浆糊里,因而原子在总体上是电中性的。电子可以从原子里拉出来,留下浆糊和其他电子——即化学家感兴趣的带电离子。汤姆孙是英国人,这个原子模型被称为"葡萄干模型"。至于这种结构是如何形成的,具体是什么物质,那时还不清楚,但汤姆孙和同辈们还是在牛顿框架下思考了这些问题。

汤姆孙的模型没能持久。

这时人们手里有了另一种探索原子世界的新工具。伟大的英国实验家卢瑟福意识到，放射性物质发出的飞快粒子可以用于探测原子结构。他可以将放射源的粒子对准金箔轰击，看粒子如何从它散开（还是用照相底片），从而就能画出金原子的结构。如果汤姆孙模型是正确的，这些粒子将几乎毫无阻挡地穿过葡萄干。然而，他发现粒子常常会折回路径，从金原子反弹回来。这太令人震惊了。他描述这个经历说："它简直是我一生中遇到的最不可信的事情，就像你向一张绵纸发射一粒15英寸*的子弹，子弹却反弹回来打在你身上。"**他的实验观测摧毁了汤姆孙的模型。

卢瑟福做的还不止这些。他识别了构成不同已知类型放射性的粒子。这些粒子有3类：γ射线由高能光子组成，α射线由氦原子核构成，β射线就是电子。带电的α粒子正是他发现原子结构的工具。卢瑟福构想了粒子被原子核散射的理论，他通过比较观测和理论确定了原子不同部分的大小。这些发现的每一个都是非凡的科学业绩，但他还做得更多。正是他发现了质子；而他的同事（和前学生）查德威克（James Chadwick）后来在他建议的指引下发现了中子。卢瑟福还很好地测量了原子的大小——大约10^{-8}厘米，而原子核还要比它小5个数量级，直径大约为10^{-13}厘米。放射性作为工具所能探索的尺度，比光学显微镜提高了8个数量级。

玻尔（Niels Bohr）认识了卢瑟福发现的非凡意义。他那时27岁，在原子核发现之后不久便来到卢瑟福的实验室做研究助理，大概相当于今天的博士后。玻尔在丹麦出生，在哥本哈根上学，将在量子力学革命中发挥主导作用。他意识到卢瑟福的结果提出了一个巨大的难题。首

---

　　* 1英寸约为2.54厘米。——译者
　　** 转引自Pais，第9章，第189页。

先,假如牛顿(或爱因斯坦)图景是正确的,就不可能理解为什么原子是一样的。它们的化学性质将完全依赖于特定时刻下每个电子在原子中的位置和运动速度,而这都依赖于原子的历史。换句话说,每个原子的化学性质将是不同的。这个问题还可以另一种方式来说明。假如电子由麦克斯韦理论决定,它们将在绕核运动时发光。光携带能量,那么电子运动将逐渐慢下来,落进原子核。这样,卢瑟福发现的那种原子将不复存在。

玻尔很熟悉普朗克关于离散能量子的研究和爱因斯坦的光子概念。为解决原子疑难,他进一步发挥了他们的思想,最终彻底颠覆了经典物理学的法则。他的建议断言电子只能以确定速度(对应于确定的能量)在轨道(或状态)上运动。较高能量的状态可以"跳跃"到较低能量状态,发出光子,带走多余的能量。较低能量的状态也可以吸收一个光子,跳跃到较高的轨道。他用设定的规则一举解决了两个难题。最低能量态是稳定的,不会衰变。每个处于最低可能能量状态的原子都是彼此相同的。他预言的光子能量符合已知的氢原子发出的光谱能量,这是一个惊人的成功。但玻尔模型只针对氢原子,不能随意推广去描述其他类型的原子。玻尔和其他一些人用了差不多10年去推广这些法则,但只取得有限的成功。他们提出的法则过于简单和特殊。牛顿物理学虽然被颠覆了,但代替它的框架会是什么样子呢?

法国物理学家德布罗意(Louis de Broglie)迈出了关键的一步。他比较了玻尔和普朗克的假说,提出一个貌似怪异的建议:电子像光一样,是波而非粒子。这样,玻尔法则只不过是普朗克假说的一个应用。几年后,实验证明了电子在某些情形下**的确**表现出波的行为。粒子和波,究竟该是哪一个呢?

1920年代初,海森伯(Werner Heisenberg)和薛定谔(Erwin Schrödinger)各自提出了自然定律的新设定,于是一个崭新的物理学框架开始显现出来。海森伯给出了普朗克和玻尔的离散态的方程,预言了它们如何随时间变化。薛定谔将德布罗意的思想推向新高度,他假定电子可以用波来描述,并写出一个类似于麦克斯韦方程的方程,解释了波如何随时间改变。两人的方程都在不要额外假定或特设法则条件下给出了玻尔的氢原子结果。它们还适用于更复杂的原子(如氦)。因为薛定谔方程具有物理学家熟悉的形式,它一开始就显得更有吸引力,量子力学的关键方程也就公认为薛定谔方程。不过我们将看到,在寻求方程的意义时,薛定谔和德布罗意很快就落后了,而海森伯、玻尔与另外两个理论家狄拉克(Paul Dirac)和玻恩(Max Born)却完成了一幅完整——或许奇异且多少有些令人不安——的图景。

狄拉克是英国物理学家,大半生都在剑桥大学度过,晚年移居佛罗里达州立大学。他被称为"最奇怪的人"。* 他不善社交,却在量子物理的发展中扮演着重要角色。正是他认识到海森伯和薛定谔的量子力学形式其实是一样的,而且构建了一种新形式,将量子力学的应用推向更广大的现象:通过原子性质彻底认识了元素周期表和分子的物理和化学。其他物质形式——固体、液体和气体——也因此而变得容易理解,于是量子力学为思考更小尺度的事物提供了场景。

但首先指出海森伯和薛定谔的量子力学如何超越牛顿科学的,却是玻恩。玻恩是德国格丁根的教授,当时正想着用新力学去认识卢瑟福实验的那些过程。假如牛顿定律描述电子或质子那样的粒子,那么,它要从所有粒子的已知的位置和速度开始,然后预言它们在以后任意时刻的位置和速度的测量结果。玻恩意识到,在量子力学中,薛定谔方程和海森伯方程预言的是测量结果的**概率**。薛定谔的波函数为空间每

---

* 法米罗(Graham Farmelo)为狄拉克写过一本精彩的传记,题为 *The Strangest Man: The Hidden Life of Paul Dirac*, 2009, paperback 2011。(中译本《量子怪杰——保罗·狄拉克传》,兰梅译,季燕江审校,重庆大学出版社,2015。——译者)

一点关联一个数字,其**平方**就是发现粒子在那一点的概率。*类似这样的数字还给出了一定时刻发生放射性衰变的概率或其他实验结果的概率。一般地说,我们过去那种能对结果进行确定性预言的观点,被这种概率性预言取代了。

就这样,玻恩将居里、卢瑟福等人早已从放射性衰变研究中感知的我们对未来进行预言的能力的极限,变成了精确的概念。海森伯用他的**不确定性原理**以鲜明的形式限定了我们的认知极限。他考虑了一组假想的电子运动测量数据,发现我们对电子的位置测量越精确,我们对它的速度就知道得越少。同样,速度测量越好,位置测量就越差。这种局限是根本性的,根植在量子力学的定律中,不可能通过提升测量仪器来逃避它。这个原理不仅适用于电子,也适用于所有粒子;不仅适用于位置和速度,也适用于你要测量的系统的几乎所有东西。

从某种意义说,量子力学家对牛顿所做的事情,跟爱因斯坦做的没什么不同。他们改变了问题和回答问题的方式,但对我们的日常经验是无关紧要的。量子力学也没有放弃牛顿的终极目标。它仍然提供了一种物理系统的认识并预言了其行为方式。实际上,量子力学作出了令人难以置信的精确预言。然而,它也确实改变了问题的性质。它不像牛顿方程那样去寻求粒子不同时刻的位置,人们求解薛定谔方程是为了发现不同事件在给定过去某个时刻的波函数的条件下在未来发生的概率。这样我们就能发现普朗克和玻尔提出的离散能量,而且还能做更多。玻尔还假定了原子吸收和发射光量子(即光子)的法则。根据薛定谔的理论,这些法则是自然而然的,可以预言很多事情:原子吸收一个过路光子的概率以及它吸收之后发射另一个光子的概率。正如我们要进一步讨论的,这些预言都令人难以置信的甚至不可想象的成功

---

　　*对熟悉虚数(或复数)的读者来说,波函数其实就是一个复数;它有实部和虚部。概率是实部与虚部的平方和。这就导致很多奇异效应。

了。量子力学还能研究比氢更复杂的有着更多电子的原子,能作出有关氢原子结构的更精细的预言。哥本哈根大学的尼尔斯·玻尔研究所(由一个酿酒集团的慈善部门嘉士伯基金会建立)成为这些思想的集成中心,而那个时期出现的量子力学认识将成为众所周知的**哥本哈根诠释**。

量子力学还告诉我们,对原子和更小尺度的事物,我们从日常经验得到的自然直觉完全是错误的。我惊讶的是人类竟能揭示所有这一切。进化要求人去认识落体或标枪的轨迹,这是很容易理解的,但在过去相当长的历史中,我们的生存并不需要知道原子是怎么工作的。玻尔、海森伯和玻恩等曾费尽心力描绘原子图景的人,也时常感到前路渺茫,担心发生在原子尺度的事情可能完全超出了人类的理解能力。但量子力学在解释原子行为(包括周期表特征和光的吸收与发射)上的成功,打开了自然现象的新视野,人们可以试着去回答以前不曾梦想的问题了。

随着牛顿世界观的颠覆,爱因斯坦也被颠覆了。他的光子概念和其他推广普朗克辐射定律的研究,为量子理论舞台的搭建作出了重大贡献。爱因斯坦还同年轻的印度理论家玻色(Satyendra Nath Bose)一起为多原子系统的量子力学研究奠定了基础。他的工作为认识原子辐射的发射和吸收铺平了道路,这对很久以后的激光发展是至关重要的。但随着量子力学在1920年代的成熟,爱因斯坦对它越来越感到不安。他与玻尔进行了长久的论战,想找出概率解释的漏洞,但没有成功。

调和爱因斯坦的狭义相对论和量子力学还需要更激进的步骤。薛定谔和海森伯的方程虽然成功呈现了很多原子现象,却像牛顿理论一样,没有遵从爱因斯坦原理。这一点人们很早就意识到了,但寻求与狭义相对论融合的方程的尝试,却遭遇了严峻的困难。

关键一步是狄拉克迈出的。他为描述相对论性电子运动的方程提出了一个卓越的猜想。方程从一开始就植根于已知的电子特征(特别是一种叫自旋的性质),解释了原子结构的很多精细细节。但方程及其解释仍然提出了严峻的挑战。电子似乎是不稳定的,狄拉克在经历若干挫败后,得到又一个惊人的发现:他意识到方程预言了反物质的存在——在这里是一个与电子在各方面都完全一样,只是带正电荷的粒子。狄拉克用这个观点来重新审视他的方程,一举消除了问题。反物质是一个破天荒的概念。在牛顿世界里,甚至在薛定谔的非相对论宇宙中,都只能认定一种或一类粒子的存在。而这个新理论,由于其自身的性质,预言了电子伴随着另一种具有非常确定性质的粒子。鉴于其拥有的正电荷,这种粒子被命名为正电子。狄拉克理论预言,一个电子和正电子相遇时会发生湮灭,生成其他形式的能量(在眼下这种情形是高能光子)。

狄拉克是1931年5月作出这个预言的。几个月后,安德森(Carl D. Anderson)真就发现了正电子。安德森是卓越的实验家,对理论和理论家抱有怀疑。他在得到博士学位后很快就作出发现了,用的是他自己为研究宇宙线[从太空不断打击地球的高能量射线(粒子)]制造的仪器。安德森无视狄拉克理论对他的发现的重要意义,对狄拉克几个月前发表的论文十分恼火:"是啊,我知道狄拉克理论……但我不熟悉狄拉克工作的细节。我忙着弄这个仪器,没多少时间读他的论文……[文章]的佶屈聱牙显然不符合如今大多数人的科学思想的调子……正电子的发现完全是偶然的。"*

狄拉克方程还有一点了不起的地方。各种实验表明电子行为像一块小磁铁。这种磁性与自旋性质有关。自旋指向特定的方向,这反过来决定磁体的不同方向性(犹如条形磁铁可以确定在一个方向)。自旋

---

* 转引自Pais,第15章,第352页。

不同于当时量子理论中的位置和动量,它没有对应的经典概念。它完全是特例。但自旋却是狄拉克理论的内在特征。更惊人的是,他的理论恰好为自旋和电子磁性找到了正确的关联。

电磁场的量子化

狄拉克的方程和反物质的发现,部分解决了量子力学与狭义相对论融合的问题。电动力学的带电粒子现在可以认为得到很好的理解了。但场呢? 那些构成光、微波、X射线、γ射线和其他电磁谱的电磁波又如何呢? 正如薛定谔方程解释了普朗克和玻尔的量子化能量,我们也应该能用这样的方程来理解爱因斯坦的光子(离散的光粒子)。结果发现,正确的方程是麦克斯韦方程,但它们必须根据量子力学的法则来解释。场本身就是**量子化**的。

薛定谔和海森伯的工作数学地确立了这样的概念:电子既具有汤姆孙实验所证明的粒子性,也具有德布罗意假定的波动性。但光子呈现了更严峻的挑战。量子力学的早期实践者能理解光子穿过空间,与物质分离。他们也能理解通过**交换光子**将原子束缚在一起的力。但他们只能粗略估计原子发射和吸收光子的速率。同时,这些过程的测量越来越精确。实际上,对理论家来说,精确计算似乎存在不可逾越的障碍。如果严格遵从量子力学的法则,将得到毫无意义的答案。若想近似计算一些量,诸如原子在不同能量态之间跃迁的速率,就会出现问题。似乎有一种自然方式做一阶近似,然后一步步更精确地计算。但照这样算下去时,我们原以为可以为这些精确计算写出的公式,却将在某个点失去意义。

这些问题与不确定性原理有关。例如,在计算电子质量时,我们必须容许这样的可能性:电子能在短暂时间里转变为一个电子和一个光子。这违背了能量守恒定律,但海森伯原理允许这样的事情。麻烦的是,电子和光子的能量可以有任意值——能量可以任意地大。每个这样的"虚态"贡献一份电子质量,这些无穷多个量加在一起,将导致无穷大的结果。同样情形也出现在理论的其他任何量的计算——如光的发射和吸收速率、原子的具体性质。

这个问题阻碍了所有想解决它的尝试近20年。不过,在二战后的几年里,出现了一系列突破。在美国,主角是贝特(Hans Bethe,在康奈尔的德国犹太难民)和另外两个年轻理论家,一个是在哈佛工作的施温格(Julian Schwinger),另一个是费曼。3人都曾卷入与战事相关的研究。施温格那些年都在麻省理工学院(MIT)研发雷达和相关技术。贝特和费曼在洛斯阿拉莫斯参加原子弹计划。他们在战争期间都深刻理解了电磁学的经典理论。还有第四个重要角色,朝永振一郎,一位日本理论家,战争期间他在这些问题上取得了惊人的进步。当然,他的工作要在战后很久才被美国人知道。

战后那些年的灵敏实验是推进问题的关键驱动。早年的粗略计算都不够精确,解释不了新的实验结果。这些实验包括对原子态能量和电子磁性的更精确测量。理论很快就跟上来了。贝特是有过非凡成就的科学家。1930年代,他奠定了理解核反应如何为恒星提供动力的基础——这是现代天文学最重要的组成部分之一。他对我们认识量子力学和核物理也有很多贡献。1947年,他听说当时在哥伦比亚大学的兰姆(Willis Lamb)对氢发射的光子能量进行了极其精确的测量。在纽约谢尔特岛的一个会议上,这些结果因不符合狄拉克的电子理论而成为中心议题。在狄拉克理论中,电磁场是作为经典对象处理的,场——光子——的量子本性没有得到恰当考虑。会上讨论了可能的对策。在回康奈尔的火车上,贝特做了一个粗略计算,解释了兰姆测量对狄拉克结果的大部分偏离。但为了得到可靠的结果,贝特不得不放弃他理解的量子力学法则;还不清楚他是怎么改进猜想做出那么精确的计算的。

解决问题的关键一步在于正视贝特等人建立电磁的量子理论的那种方式中令人困惑的东西。他们的计算都将时间单独拿出来,与空间对立。但在爱因斯坦的狭义相对论中,时间与空间是同等的。陈述这个问题很容易,解决它却需要天才的行动。真正带来突破的是施温格、费曼和朝永振一郎。建立一个每一步都遵从爱因斯坦原理的方法,既能高精度地计算,也能为解决理论的困惑带来概念框架。朝永振一郎独自在战时的日本,而费曼和施温格的工作立刻产生了影响。两人的生活和研究风格都迥然不同。施温格有公子做派。他在纽约城市学院(常被称为"无产者的哈佛")读书时,开的是凯迪拉克,穿的是定制套装。费曼不修边幅,像个顽童,在洛斯阿拉莫斯工作期间,他常(和贝特)玩些神奇的数学把戏,把实验室闹翻天;后来,他是俱乐部的常客,把邦戈鼓玩出名了。他们的物理研究比较起来是很相似的。施温格的数学很美妙,多数物理学家看不懂。费曼依然不在乎形式,更多靠直觉,用图来说话,看似随意,却是精确的法则。领导原子弹计划的奥本海默这期间是普林斯顿高等研究院院长,这个角色,就是在理论物理需要认真考虑的问题中做出裁决。他强烈支持施温格精确的高度数学化的方法,而对费曼的东西不屑一顾。我们从照片上见过后来踌躇满志的费曼,很难想象他知道奥本海默的批评后会是怎样的震惊。*

最后,还是费曼的观点胜利了。这与英国理论物理学家戴森(Freeman Dyson)有很大关系,他在战后到了美国,成了费曼的亲密朋友。两人曾一起驾车横穿美国。戴森对施温格和费曼的观点都很欣赏,发愿要调和它们,让奥本海默相信两者的价值。戴森的方法在今天仍然是理论家和实验家认识电磁场的量子本性的主要方法。

---

* 经过那些年,费曼赢得了很多仰慕者,成为无数图书和文章的话题。他自己的书有专业课本,也有普及读物,读者众多。然而,近些年他的性别歧视行为——甚至可能是厌女主义者——也在接受调查。

这些技术克服了量子场论的无穷大问题,实现了精确计算。在今天,电子的磁性质(即"磁矩")是自然界中被最精确地计算和测量的物理量之一,精确到了14位小数。在狄拉克理论中,光子的量子力学被忽略了,那个数值是2。今天的观测值则可表达为2.002 319 304 361 82。费曼、施温格和朝永振一郎于1965年获诺贝尔奖;兰姆则因为他的实验,在1955年就获奖了。

量子力学有什么麻烦?

当玻尔、海森伯、狄拉克和玻恩快马加鞭投身量子力学计划时,有几位早期的重要角色却不能接受牛顿因果概念的破灭。这些人中就有德布罗意和薛定谔,他们想以电子和类似的波来描述某些物质的实际运动。他们的不安很容易理解,他们的反对意见,在玻尔、海森伯等人看来,也很容易驳回。但就在那时,1935年,爱因斯坦、波多尔斯基(Boris Podolsky)和罗森(Nathan Rosen)向量子力学提出一个挑战。他们的论文和提出的问题很有名——也令人困惑——就是著名的EPR佯谬。他们首先定义了一个概念,即所谓的"实在性的完备描述",然后指出量子力学不能提供这样的描述。他们的反驳集中在不确定性原理的一个方面,即我们对量子力学系统只有不完备的知识。

困扰EPR的问题可以在真实系统中研究。电子因带负电荷,可以与带正电的质子束缚在一起构成原子。同样,电子也可以同正电子(它的反粒子)结合形成原子。这个系统真的在实验室造出来并加以研究了。其实,除了一个显著特征外,它很像氢原子。最终,电子与正电子将分离一个典型原子大小的距离(大约亿分之一英寸),然后找到对方,相互湮灭。湮灭发生时,它们产生光子——两个或三个。人们已经极其精确地测量了这些离散能量和湮灭发生的平均总时间。用费曼、施温格和朝永振一郎的方法进行量子计算,成功解释了测量结果。例如,理论给出的电子找到正电子并与之湮灭的平均时间是百万分之7.039 96秒（微秒量级），精确到最后一位小数，非常符合实验测量结果。

量子力学既然那么成功，说它失败就有点儿奇怪了。但当我们更仔细地考虑量子力学对电子偶素衰变为两个光子的预言，就能明白困惑EPR的是什么。正如电子带自旋，可向上或向下；光子也有自旋，也向上或向下。在光子的情形，自旋垂直于它的运动方向。这种自旋关联着我们所说的光的极化。根据量子理论，如果测量到一个光子的自旋是向上的，则另一个光子自旋的测量结果一定是向下的。如果第一个光子自旋是向下的，那么另一个就是向上的。这里的问题在于，我们在进行测量之前不知道具体结果，只知道每个光子出现某个结果的概率。所以，我们让两个观测者来测量我们的两个光子。两个观测者在相反方向上各自距离原点1光年，分别测量从附近经过他们的光子的自旋。在光子到达前，他们都不知道各自会测量到什么。当光子经过时，他们开始测量，便立刻知道了伙伴测量到了什么，尽管他们相距2光年远。这实在令爱因斯坦困惑。但到目前为止，一系列实验都证明量子力学的这个性质是真实的。

尽管EPR疑难长久以来被认为是死硬的怀疑论者们看中的怪物，近年这个问题却获得了新生。电子偶素衰变生成的两个光子被称为处于一种**纠缠**态。这个系统以微妙的方式储存着信息。这种信息储存能力，为构建能储存巨量信息、完成比传统计算机更复杂的计算的超强计算机，带来了希望。要将这种"量子计算机"变成现实，还面临着很多挑战。也许最大的挑战是这些系统必须从它们的环境孤立出来，否则信息会外泄。

这里不得不谈谈薛定谔猫。这是薛定谔构想出来的，看上去像是一个悖论，思考量子力学的人都要考虑它。薛定谔想象的场景是，在底部连着毒气瓶的一个盒子里有一只猫。*现在仍然假定,我们有两个从电子偶素衰变生成的光子。第二个光子经过毒气瓶上的自旋探测器。假如第二个光子自旋向上,它将诱发毒气释放出来,猫会被毒死。假如它自旋向下,毒气将密封在瓶子里,猫会活下来。第一个光子自旋的测量有1/2概率向下,1/2概率向上。如果不测量,就没有确定结果。猫在同一时刻既是活的也是死的。对动物爱好者来说,更糟糕的是,测量能(或不能)杀死猫,结果与测量在瞬间发生。

薛定谔没能理解的是量子计算问题的变化。在这个问题中,信息远不止两个光子所包含的。猫有大量原子,都有自旋和其他性质,毒气瓶也是,而且光子和所有这些原子是纠缠在一起的。所有这些都是为了让你相信EPR和薛定谔猫不是量子力学的反对理由。不过你仍然有权认为这些量子力学性质是非常令人不安的。

量子力学的胜利

凭着量子力学在认识原子和光子上的成功——它们构成一个叫**量子电动力学**的理论——人类在原子水平上认识了自然,其空间和时间尺度比牛顿时代甚至麦克斯韦时代已知的尺度小多个数量级。从紧随二战以来的这些发展开始,在20世纪后半期和21世纪的开端,这个理论扩展到了更小8个量级以下的尺度,并实现了完整的描述。主宰强核力和弱力的基本定律,犹如一个宇宙炼金术士,允许在宇宙生成比氢更重的元素;这些定律可用与决定量子电动力学相同的量子力学和狭义相对论原理,以一种推广的叫**标准模型**的理论来理解。那是理论物理与实验物理的非凡的成功大融合。

---

* 我擅自改动了薛定谔的问题提法,但我相信我把握了问题的实质。

第五章

核时代的果实

与能量相关的问题——我们需要多少，从何处获取，对气候有何影响——是我们生活、政治和国际事务的主要关切因素。我们以千瓦时、英热单位(BTU)或等价的石油桶数来度量能量。还应该指出，功率则是单位时间(如每秒)释放多少能量的度量，单位是瓦特或马力。实际上，瓦特(James Watt)是蒸汽机的早期发明者，他还发明了以其名字命名的单位，引入了**马力**一词为他的发动机做营销。不管怎么说，最有名的方程可能还是 $E=mc^2$，这里 E 为物体能量，m 为物体质量，c 为光速。由于光速是一个巨大的数，186 000 英里每秒(或 300 000 千米每秒)，即使很小一点物质也包含着巨大的能量。一汤匙的水所包含的能量足以为一座城市供应几天的电量。但要获取这份能量却是另一回事。

在原子弹中，爆炸物大约是 15 千克(33 磅)铀，其中只有千分之一的铀转化为能量，但其爆炸的破坏力已然足够恐怖了。在核反应堆中，一年的运行将大约 1 千克物质转化为足以为一座大城市供电的能量。我们能实现这些，依赖于原子核内粒子之间的强大作用力。在我们的数量级跨越中，从原子尺度到原子核需要下降 5 个量级，到 10^{-13}(十万亿分之一)厘米的尺度。束缚在如此小空间的能量是巨大的，使我们能造出原子弹和核反应堆。

虽然我们今天已经完全认识了原子的能量，但在上个世纪的大多数时期,它都还是一个深藏的谜。它背后的基本理论,像量子电动力学(QED)一样,构成了标准模型的三大支柱的第二个,即所谓的量子色动力学(QCD)。凭着 QCD,我们认识了比原子小5个量级的自然粒子和力,以及大爆炸百万分之一秒后的宇宙历史。

核物理

核物理——令我们很多人感到不安的一个词,实现了核武器和核能,以及很多饱含争议的好处和显而易见的危险。但原子核的科学是迷人的主题,它开启了20世纪的许多物理。在前一章里,我们遇到了玛丽·居里和卢瑟福,他们以核辐射为研究物质的工具,为量子力学开辟了重要途径。他们在核物理发展中也扮演着关键角色。

卢瑟福的原子核发现促进了对原子的认识,但它也引出另一个大问题。假如核是质子和中子的集合体,由于质子都带正电,它们会互相排斥。是什么能将它们束缚在如此狭小的空间呢? 这需要某个额外的、比电磁力更强——而且强得多——的力。大概是因为缺乏些许想象力,人们就称这样的力为强核力,简称**强力**。认识这个强力的本质很快便成为物理学的一个大问题。接下来的几十年里,它的许多特征显现出来。最重要的是,它只在短距离发生作用。换句话说,两个质子只有在头顶头的时候才能被它拉到一起。即使分开很小的距离,哪怕只比质子的尺寸大几倍,它们也感觉不到强力,而只有电的排斥力。但要把强力的定律写出来——就像已知的电磁力或引力那样——却被证明是一件难事。

这方面的进步来自日本理论家汤川秀树在1934年的工作。汤川将当时的量子力学新概念,特别是不确定性原理,用于核力问题。不确定性原理的一种形式说,我们不能以任意精度同时知道一个过程的能量和它发生的时间。对电磁而言,力的携带者是光子。光子没有质量,因此其能量(根据爱因斯坦的 $E=mc^2$)可以任意地小——小到如你所愿。于是,光子从质子到电子的行程时间可以任意地长。因为光传播极快,这意味着电磁力将作用在非常大的距离上(引力也一样)。汤川推测,如果核力的携带者有着很大的质量,则它就可能具有短程性质。结合海森伯不确定性关系中出现的数字,他预言了一种大约为1/8质子质量的粒子。从当时得到的数据看,这个预言不是太精确,但它严格预言了应该存在与原子核发生强相互作用的粒子,而且比质子轻得多。

二战前那些年,在宇宙线中发现了汤川粒子的一个候选者,也是安德森(我们已经在前一章遇到过他)发现的。它大致具有预期的质量,但并不以预期方式与核发生相互作用。粒子物理和核物理的研究被战争中断了,因此只有到了后来人们才发现那个粒子不是汤川的介子。它被称为μ子,很像电子,但比电子重约200倍。战后,在宇宙线和加速器中都发现了汤川的介子。实际上有3种这样的粒子,一种带正电,一种带负电,分别记作π$^+$和π$^-$;还有一种电中性的,记作π^0。它们有差不多相同的质量。于是,人们既看到了胜利,也留下了问题。这些粒子(被称为π子)的质量大约就在理论家汤川预言的范围内。但那时没有理论家预言实验家会发现像μ子那样的粒子;即使有谁预言了,恐怕也猜不到它的质量会接近π子的质量。

作为大自然向导的对称性

在数学和很多学科中,有两个"难"的概念。一个用得宽泛,指家庭作业或考试问题很难,或书中的描述不容易理解。这些困难一般都能通过自己的坚持不懈,或者在更专业或训练有素的人士帮助下克服。但还有另一种意义的"难",在我们的计算机时代尤其容易理解。对这些问题来说,我们有解决的策略,通常涉及一些机械的计算法则。人们需要的只是反复的加减乘除或其他常规运算。解决问题的思想和技巧部分全在于法则的制定。计算机可以执行不动脑子的程序化计算,但时间可能会很长,因为问题太复杂,运算步骤太多。时间甚至可以长到令计算不可能实现或结果毫无意义。天气预报就是这样的一个例子。如果对计算精度要求足够高,计算机模型也许会在暴风雨发生之后成功预测它。这类问题是技术或数学意义上的难。

因为后面将变得明显的理由,强核力所涉的相互作用只是这第二种难题。这一点很早就清楚了,尽管费了好长时间才想到一个能用极强大计算机解决问题的策略——而实现满足要求的计算机又经过了几十年。从问题最初出现起,就有很多更间接的策略为核力提供了认识。特别重要的是强相互作用的**对称性**的发现。

在艺术或建筑中,我们常感觉对称的魅力。有时,缺乏对称或甚至些许不对称也很迷人。这对我们在大自然中看到的事物——一张脸孔、一株植物、一座山——也可能是对的。在思考这些事物时,我们头脑里常装着两种对称性。一种是旋转下的对称性。如果绕着穿过中心的轴旋转一个水壶,它看起来几乎都是一样的。另一种熟悉的对称性是交换左右。当人走近时,我们会在他的面部特征看到这种对称性,还能看到它有什么不完美的地方。这也叫反射下的对称性,或常常叫**宇称**。这两种对称性——连同其他对称性一起——对我们认识物理学定律发挥着重要作用。

对大自然对称性的美学欣赏自古就有了,但从伽利略和牛顿开始,人们才认识到自然定律本身也有对称性,而且影响着自然世界的现象。

有些对称太明显了,几乎不值一提。牛顿的运动定律和引力定律都不含任何时间标签。它们今天与昨天或千年前一样,如果它们明天不一样了,我们会感到奇怪。这同样适合我们已知的所有定律,甚至包括量子力学——包括电磁定律,也包括标准模型。但这个事实的结果是令人惊奇的——那就是**能量守恒**。能量守恒定律主宰着我们的日常生活。它告诉我们一加仑汽油（或电动汽车的一千瓦时的蓄电池）最多能跑多远，发射一枚火箭需要多少能量，体力活动过后会有多困乏。我们也不需要知道太多知识就能预见守恒原理的结果。为了理解甚至量化这些结果，我们不需要知道汽车发动机里的每个化学反应，也不需要知道我们为了肢体活动而吃进的食物会经历什么复杂的分解机制。

对牛顿定律而言，这是18世纪末就已经知道的事情，但对称性与守恒律的普遍性关联，到20世纪初才被数学家诺特（Emmy Noether）认识并在形式上确定下来。诺特1882年出生在德国，是杰出的数学家；如果不是女性，她会成为显赫的教授。尽管性别限制了她的职业生涯，她依然靠自己及与他人合作取得了杰出的成绩。关于她的对称性研究，爱因斯坦写道："昨天我收到诺特小姐的一篇非常有趣的关于不变量的论文。我很惊讶这些东西能通过如此普适的方法来理解。格丁根的老顽固们应该从诺特小姐那儿得到教训！她好像知道她的能力。"

1933年，身为犹太人的诺特逃出了德国，到美国布林莫尔学院就职，两年后去世。爱因斯坦在给《纽约时报》（*The New York Times*）的信中写道："根据在世的最有能力的数学家们的判断，诺特小姐是自女性接受高等教育以来最有创造力的数学天才。在最卓绝的数学家们忙碌了几个世纪的代数学领域，她发现的方法对今天年轻一代数学家的发展有着重大意义。"

诺特在她的研究中明确指出，除了能量守恒定律以外，其他对称原理也能导致守恒律。例如，无论我坐在我的办公室还是隔壁办公室，自然定律都是一样的。更一般说，无论我前后左右还是上下移动，它们都是一样的。这些对称性的结果是动量守恒，与能量守恒是同等重要的控制性定律。同样，大自然并不在乎你是向北还是北偏东运动，这是旋转对称，是我们已知的所有自然定律的一个特征。*它体现为一个更微妙但同样深刻的原理，即角动量守恒。这个原理解释了为什么地球在地质时间尺度上以稳定的速率绕自转轴旋转。

还有一种解释电荷守恒的对称性，这是一个更神奇的原理。这个对称性微妙得多，它与我们能看见或感觉的变化无关。但它是麦克斯韦方程的一个内置特征，幸运的是，在量子力学加入进来时，这个特征也依然保留着。

对称性的探索几乎从一开始就是粒子物理学学科的一个主题。在早期的加速器实验中，能量、动量和角动量守恒经过了严格的检验，它们都被证明了在极高的精度下成立。更有意义的是镜像反射对称，也被称为宇称（前面提到过），因为它**不**是完全的对称。我们都能直观理解宇称是什么样子；其实，我们经常为分不清左右而恼火。关于"宇称不变性"对自然定律的意义，我们还可以说得更精确些。当我们观察一个事件，同时也观察它反射在镜子里的样子，对我们来说两者的意义是一样的，即它们应该表现为遵从同样的自然定律。这是牛顿定律和爱因斯坦广义相对论的一个事实，也是电磁定律的一个特征，因此长期以来一直被认为是理所当然的。但在1950年代，随着粒子加速器能更精细地研究某些基本粒子的放射性衰变，令人惊讶的事情发生了。如果还坚持认为宇称是良好的对称性，就很难理解某些衰变现象。人们尝试过假定存在一对在各方面都几乎完全相同的粒子。但两个来自中国的年轻物理学家李政道和杨振宁（当时在普林斯顿高等研究院工作）提出了更惊人的建议：或许宇称不是大自然的良好对称性。他们提出，研究某些原子核的放射性衰变可以解决这个问题；很快，哥伦比亚大学的吴健雄完成了检验宇称的天才实验。她发现，宇称确实不是良好的对

---

* 这假定你是在虚空里运动；如果路上有座山，就可能成问题了，但那不是基本定律的问题。

称性。宇称的破坏是标准模型的一个内禀特征。

李政道和杨振宁因宇称破坏假说获得诺贝尔奖。另一方面,设计并完成实验使其成为真正发现的"中国的居里夫人"吴健雄却没获奖。3位科学家都很有名,是美国华人团体乃至中国的骄傲,吴健雄作为女性科学家却面临着很多挑战。尽管有诸多挑战,她最终还是被选为美国物理学家的主要专业团体美国物理学会的会长。1975年她的成就获得认可,杰拉尔德·福特(Gerald Ford)总统向她颁发了国家科学奖章。她还作为著名人权宣传者出现在中国和世界其他地方。

另一种重要对称是**时间反演**。我们在牛顿世界做一个事件的视频——如球从山上滚下,或者行星在围绕太阳的轨道上运行——然后,我们将视频倒着播放。我们会看到令人惊奇甚至挑战眼球的场景,但它仍然遵从自然定律。一旦我们不把宇称作为一种对称性,像时间反演这样的对称将处于危险境地。1964年,人们在弱相互作用中发现了时间反演以一种微妙的形式出现了很小的偏离。

我们上面遇到的对称性——时间和空间的平移、旋转和宇称——是日常生活中常见的,我们都有一定的直观的认识。随着量子力学的发现,对称性在自然定律中占据着更核心的地位。能量、动量和角动量仍然守恒,它们原有的地位也提高了。但量子力学也揭示了一些我们不熟悉的对称性,物理学家称其为"内禀对称性",它们与时间和空间没有明显的关联。第一个这样的对称大概是海森伯建议的,他是量子力学创立者之一,因不确定性原理闻名。海森伯发现,质子和中子具有非常接近的质量。实际上,它们的质量差还不到千分之一。这或许是一个巧合,但十分引人注目。另一方面,质子和中子似乎又迥然不同——一个粒子带电,一个不带电。海森伯推测,如果剥去电荷,也许就不能区分这两个粒子了——它们之间有某个**对称性**关联着。由于原子核的中子数决定着一类元素的同位素,他称这种对称性为"同位旋"。他与其他人一起发现,如果忽略质子间的电斥力和质子与中子的微小质量差,那么原子核的性质与这种对称是一致的。

杨振宁和米尔斯:跟随爱因斯坦,一种新对称

杨振宁在宇称破坏发现中的作用是举世瞩目的。在当时,对很多人来说,宇称似乎是不证自明的自然对称性,如今却被打破了。稍早前,他就作出过另一项有重要意义的发现。为理解这个思想,我们需要回到爱因斯坦。爱因斯坦广义相对论也可以通过对称性来考察。我们知道,如果绕某个轴旋转系统,自然定律会保持不变。然而,虽然这是牛顿定律的一个性质,但若要对称性成立,实际上严格说来有必要像那样去旋转**整个宇宙**。这听起来有点儿疯狂,事实也是如此。爱因斯坦广义相对论将定律从这个要求中解放出来了。在爱因斯坦理论中,我们可以只需要旋转宇宙的一个小小部分——在实验室、教室或太阳系都可以。但只有在包含了引力场时,才能这么做。换句话说,引力是这种对称性原理强加给我们的。

1954年,杨振宁和米尔斯(Robert Mills)向海森伯的同位旋对称提出了同样的问题。难道我们不能随便在宇宙的某个地方(而不是在每个地方)拿中子换质子?他们写出了实现这个想法的理论,数学很漂亮。正如爱因斯坦在时空局域实现旋转的主张蕴含着**引力场**的存在,杨振宁和米尔斯在时空任意点实现同位旋变换的主张预言了3个更像电磁场的场,它们具有3个类似光子的无质量粒子。然而并不存在这样的粒子,尽管杨振宁和米尔斯提出,那时已知的3个有质量粒子或许有可能是这些特殊的"矢量介子"。这些粒子如何获得质量是一大难题,而他们的理论也蛰伏了十多年。

接着,杨振宁在凝聚态物理学领域和理论物理的一般领域做出了很多重大成就。多年来,他执掌纽约州立大学石溪分校的杨振宁物理

研究所。虽然他对我们认识粒子物理学和基本自然律贡献良多,最终却成了粒子物理学界的严厉批评者。他对以粒子物理学为典范的"大科学"特别不感兴趣。写作本书时,他正极力反对在中国建造极高能加速器("中国对撞机"),这个计划需要的投资堪比瑞士欧洲核子研究中心(CERN)的大型强子对撞机,且建造的对撞机能量还要更高。

我们将看到,杨振宁和米尔斯的理论现在已成为标准模型的基石。它还深刻影响了数学。但只是在过了十多年后,人们才让这些理论变得有意义,并发现它们可能的作用。大多数事情发生在这期间。

π子为什么轻——南部-戈德斯通现象

因为π子的发现,汤川的图像似乎至少为强力提供了粗略的描述,但还不像电磁的量子理论(QED)那般令人满意。首先当然是因为这个相互作用太强,不能用费曼、施温格和朝永振一郎的方法来解决问题,因此也很难确立理论预言的东西。但人们很快又发现汤川理论不可能是强相互作用的完整模型。π子发现后,又发现了其他更重的粒子,似乎也在核力中扮演着一定的角色。这一群强相互作用粒子被称为**强子**。于是问题变成:其他这些粒子起什么作用? 为什么π子与众不同呢? 特别是,它们为什么比其他粒子轻那么多? 又为什么对解释中子与质子间的力至关重要?

问题的解决出现在日裔美国大物理学家南部阳一郎的工作中。他年轻时到美国,就职于普林斯顿高等研究院。南部总是彬彬有礼却不腼腆。他到研究院时,奥本海默院长告诉新人们(头衔是博士后)说,他们不要去打扰伟大的爱因斯坦。南部表示照办,然后马上就去见了爱因斯坦。他急切想分享这位传奇物理学家的智慧。见面时,爱因斯坦抱怨没年轻人去看他。像那时很多海外来的年轻人一样,南部有一辆车。在第一次见过爱因斯坦后,他提出开车送爱因斯坦上班。他偷拍过一张爱因斯坦在某个早晨走向汽车的照片,在那个时代,用相机拍这样的照片可不容易。在我们今天,照片很快会在社交媒体疯传。

不管怎么说,在研究院之后,南部去了芝加哥大学,在那儿做了很多重要工作,但他特别感兴趣的还是强相互作用的对称性及其与π子的联系。南部考虑了一种可能性,即强相互作用具有一种当时尚未认识的对称性。未知在于两个方面。首先,它源自相对论与量子力学的结合。他意识到,如果电子没有质量,它将服从一种奇异的守恒律。电子自旋朝着一定方向。在量子力学中,如果电子没有质量,它将和光子一样以光速运动;它的自旋方向将沿着电子运动的方向或其相反的方向。如果顺着运动方向,它将保持那种状态;如果反着运动方向,也是一样的。这就是一种守恒性质。他将与这种守恒律相关联的对称性称为"手征对称性",因为它与左右手对称有关(手征的英文 chiral 源自希腊语的"手")。电子不是无质量的粒子(尽管在非常高能时其质量可以忽略从而守恒律成立),质子和中子当然也不是。

再来看第二方面,那是南部的思想飞跃。他猜想强相互作用具有那种手征对称,不过是一种**破缺的对称**。起先,这个想法似乎有点儿怪异,但破缺对称的概念其实是大家相当熟悉的。自然定律在旋转下是对称的,但我们遇到的物体一般都不是。例如,水壶柄将旋转对称打破了。水壶的基本对称性表现在我们可以为它定向,让壶柄处于任意方向。除了真正的球体外,物体都具有内禀方向,如果处于静止,它必定指向**某个**方向。物理学家说这样的对称是"自发破缺的"。南部指出,核力的手征对称就属于这种类型。他还发现,假如自然定律的对称以这种方式被打破,就会引出一个结果:必然存在无质量粒子。强相互作用中没有无质量粒子,但π子质量远小于其他粒子,他认定它们就是无质量粒子的候选者。如果手征对称不是强相互作用背后的基本定律的精确对称,而是有"一点点"破缺,这就可以解释π子质量为什么那么小。MIT的戈德斯通（Jeffrey Goldstone）证明了一个一般性结果：无质量粒子源于自发性的对称破缺，因此这种无质量粒子被称为南部-戈德斯通玻色子。大量实验研究证明了π子确实呈现着这种事物的预期行为方式。

数不尽的强相互作用粒子

1940年代末，粒子物理的加速器时代开始了。原始的加速器在二战前就建成了，那时物理学被视为国防的重要组成部分，从联邦政府获得了慷慨的资助。同时，战时的技术发展和大批高技能人员（既有科学家，也有机械师）的培训，大大促进了事业的繁荣。加州大学伯克利分校、长岛的布鲁克海文国家实验室和其他地方都建造和运行了加速器。这些加速器的能量用来产生π子绰绰有余，而且很快还产生了大量其他粒子。就我们的话题来说，它们的细节并不重要。重要的是存在千百种那样的粒子。这些新粒子如同π子一样，都是短命的，很多在10^{-20}秒就衰变了！但它们都有很强的个性，因而能精确测量各自的性质。

可是，人们还有一道难题。起初，质子、中子和π子被认为是和电子一样的无结构基本粒子。但大量新粒子的发现给这个图景带来了疑问。实际上，仔细测量表明质子具有和原子核差不多的大小和形状，大约10^{-13}厘米。因此，这些新粒子也许由一些其他实体构成，就像周期表的元素由电子和原子核构成一样。走出困境的道路是盖尔曼（Murray Gell-Mann）指引的，他拿周期表来类比强子。他的表是基于当时多数理论物理学家还不熟悉的一个叫**群论**的数学分支。在他的表中，数字8扮演着关键角色。最轻的介子呈现8种类型，同样的还有最重的重子——即自旋为1/2的强相互作用粒子（如质子和中子）。盖尔曼（2019年去世）博学多才，也喜欢炫耀，为表现他对语言学和东方宗教的兴趣，他称这个为八正道。在佛教中，八正道是涅槃之路，包括八种基本法门:正见、正思维、正语、正业、正命、正精进、正念、正定。在盖尔曼的周期表中,数字8指各种普通性质,如粒子的电荷。

门捷列夫(Dmitri Mendeleev)的元素周期表是基于化学性质的规则性。只是有了量子力学,它的特征才能通过电子和原子核的性质来理解。盖尔曼和茨威格(George Zweig)同时在强子上迈出了第二步。他们提出可以通过与原子的电子、质子和中子的粒子类比来理解八正道。那些类比的粒子被称为**夸克**,这个名字是盖尔曼从乔伊斯(James Joyce)的《芬尼根守灵夜》(*Finnegan's Wake*)里的一段话中选出来的(茨威格称那些东西为扑克里的"尖儿",但这个名字没人用过)。起初有3种夸克,被玩笑似的称为上、下和奇异夸克。

夸克很好地解释了强相互作用粒子(强子)的性质。但它们本身也呈现出一些特殊的性质。它们带电荷。从人类的观点看,电子是最重要的带电粒子,是它构成了电流,在计算机或手机里储存信息。因为电子如此重要,很自然以它的电荷作为一个基本单位。根据一个可以回溯到富兰克林的约定,我们说电子的电荷为-1。于是,质子电荷为+1,这样原子才是电中性的。盖尔曼和茨威格假想的夸克却带着分数的基本电荷:2/3或-1/3。粒子如自旋为0的π子,在夸克模型中由一个夸克和一个反夸克组成。这些粒子叫介子。如质子及其激发态那样的粒子,具有和电子一样的自旋,是3种夸克的束缚态。电荷为1的质子由两个上夸克和一个下夸克组成。电荷为0的中子由一个上夸克和两个下夸克组成。其他强子则由夸克的其他组合构成。例如,π^+介子包括一个上夸克和一个**反**下夸克(下夸克的反粒子)。*

---

* 在前3个夸克中,上夸克电荷为2/3,下夸克和奇异夸克的电荷为-1/3。质子由两个上夸克和一个下夸克构成,总电荷为1;中子由一个上夸克和两个下夸克构成,总电荷为0。自旋为0或1的介子有电荷为1的(夸克和反下夸克的组合),也有电荷为-1或0的。

虽然新周期表运行良好,却有一个问题。电子很容易从原子跑出来。我们常看见强电场(如电路中)将电子从原子中撕裂出来时爆裂的火花,就是这种现象。化学家一直跟离子打交道,科学家在很多控制条件下单独研究电子和原子核。但对夸克来说,却没有类似的情形发生。质子相互碰撞或与中子和π子碰撞时,都没有在碎片中发现分数电荷——正负1/3或2/3个电子或质子电荷。科学家在所有地方(甚至在月球岩石里)寻找这些分数电荷,都没有找到。盖尔曼本人曾一度退缩,认为夸克只不过是一种有用的数学游戏,没有物理实在性。

但一个不同类型的实验最终确立了夸克**是**实实在在的。1960年代中期,加州理工学院的费曼和新建立的斯坦福直线加速器中心(SLAC)的比约肯(James Bjorken)开始思考这样的问题:假如质子和中子由夸克组成,在非常高能的实验中,会发生什么事情? 费曼与盖尔曼的竞争是众所周知的,他至少在某些场合拒绝称强子的组成为夸克,而称它们为部分子。不管怎么说,费曼和比约肯作出了明确的预言。与电子被原子核散射的卢瑟福实验类似,高能实验将揭示质子和中子的内在结构。SLAC的系列实验正好揭示了这个现象,发现质子是由带分数电荷的粒子构成的。这个发现为杰尔姆·弗里德曼(Jerome Friedman)、肯德尔(Henry Kendall)和泰勒(Richard Taylor)赢得了诺贝尔奖。对多数人来说,肯德尔是一个熟悉的名字,他后来建立了忧思科学家联盟,在核能问题以及更一般的环境和能源政策上做了显著的工作。

看来,物理学家已经准备要发现新的自然定律,即决定核力的定律。但夸克模型的成功提出了严峻的挑战。可能有人会想,相对论和量子力学要求核力应该用量子场论来描述。但似乎没有量子场论具有所要求的性质——要么解释为什么夸克没有自由的而都是自我孤立的,要么解释为什么强子在强烈碰撞时会表现为夸克组成的。

突破:杨-米尔斯理论及其显著特性

对第一个难题,即强子在强烈碰撞时像夸克集合,普林斯顿的格罗斯(David Gross)和韦尔切克(Frank Wilczek)以及哈佛的波利策(David Politzer)在1973年提出了一种解释。他们都认识到,成功解释这个问题,需要理论具有一种叫**渐近自由**的性质。这是一种富于想象而有趣的说法,意思是夸克之间的力要随着距离的靠近而变弱。但在当时理论家们熟悉的量子场论中,似乎没发生过这种事情。例如,在量子电动力学中,人们发现了相反的行为:电子之间的力随彼此趋近而增大。甚至有人基于量子力学的一般原理论证,不管任何情形,总是这样的。

实际上,格罗斯和他当时的研究生韦尔切克开始是想证明已知量子场论都不具备这种性质。波利策也在导师科尔曼(Sidney Coleman)(我们以后还会遇到他)建议下研究了同样的问题,但观点不同。对QED理论和汤川的介子理论来说,计算相对容易而且大家都熟悉。但对某些类型的理论来说,问题更富挑战性。这就是杨振宁和米尔斯的理论,即今天所熟知的**非阿贝尔规范理论**或**杨-米尔斯理论**,我们在前面见过的。这些理论曾静默10年。它们虽引人入胜,却难以理解,而且没人能说出它们在自然定律的理解中起什么令人信服的作用。尽管有一定进展,但还没达到QED的认知水平。费曼像1940年代后期做QED一样,猜想了一套这些理论的计算法则;而苏联物理学家法捷耶夫(Ludvig Faddeev)和波波夫(Victor Popov)则首先扮演了当年戴森在费曼猜想中的角色,为计算法则找到了物理意义。实在说来,他们超越了费曼。他们弄清了杨-米尔斯理论中的量子力学,利用费曼更怪异的早期想法之一,将其转化为一个强有力的工具。

但计算仍然很难。结果的数学表达式没什么意义。下一步突破来自两个荷兰物理学家,韦尔特曼(Martinus "Tini" Veltman)和他的学生特霍夫特(Gerard't Hooft)。韦尔特曼擅长 QED 的计算,他也许是第一个在这个理论的计算中发展计算机代码的,那不仅仅是将一长列数字加起来,而是像人那样做代数运算。代数计算很难,而在 QED 问题中存在**大量**的代数运算。这样的计算相当无聊,却正适合计算机的任务。不过,杨-米尔斯理论的发展,主要还是他的学生特霍夫特驱动的。实际上,围绕谁在这个工作中的创新更多,多年来师生二人关系紧张。不过他们还是因为阐明杨-米尔斯理论的量子力学分享了1999年度的诺贝尔奖。

多亏了法捷耶夫、波波夫、特霍夫特和韦尔特曼的工作,格罗斯、韦尔切克和波利策才实现了理论需要的计算。如我们司空见惯的事情一样,这些计算起初颇具挑战,今天却成了我的研究生物理课的标准家庭作业。计算证明了杨-米尔斯理论确实具有需要的性质。

因为这些发现,夸克模型结合杨-米尔斯理论自然导出一个真正的强力理论,一组新的基于杨振宁和米尔斯思想的自然定律。强子由具有一种天生内禀性质(叫色)的夸克组成。有3种色,或称红、蓝和绿。强子通过交换8种在某些方面类似光子的粒子(叫胶子)发生相互作用。

与量子电动力学(QED)类比,这个新理论被称为量子色动力学(QCD)。格罗斯、韦尔切克和波利策不仅解释了 SLAC 结果的大致特征,还预言了对比约肯和费曼预言的微小修正。由此开始了理论检验的漫长历程,也扩张了理论**可以**预言的过程。完全认识和检验理论还面临很多挑战,但迄今为止标准模型的这一支柱已经受了全面的考验。

格罗斯、波利策和韦尔切克的工作获得了2004年诺贝尔奖。我们有的人觉得科尔曼也应该获得荣誉,但诺贝尔奖最多只能3人分享。

渐近自由问题解决了,接下来的是理解夸克禁闭问题。渐近自由的性质带来了一丝希望。强相互作用随夸克靠近而减弱,这个事实的另一方面就是,相互作用随夸克的分离而增强。可以想象,相互作用也许能强到你简直无法将夸克分开。这个性质叫"红外奴役"。但夸克禁闭问题被证明是在技术和数学意义上的难题。实际上,它在很多方面都难于理论粒子物理学家以前遇到过的问题。他们考察了其他有过类似现象的场。康奈尔的肯·威尔逊(Ken Wilson)首先将这个抽象问题表述为一个精确(也许极其困难)的问题。他和法捷耶夫与波波夫的做法一样,也采用了费曼那个关于量子力学的疯狂想法,用它做了更疯狂的事情,把它突然变成了一个非常灵敏的东西,从而可以用计算机来处理。威尔逊提出,为了获得可控的计算,必须用一组离散点取代时空连续统。数学家和物理学家称这种时空为**晶格**,就像装饰艺术和其他地方看见的规则性结构,如下面的图。有了这个想法,解决色规范理论——即QCD——的问题就变成一个很具体的计算机问题。然而,这个问题还是**难**。

二维晶格示意图

为说明难在什么地方,假定晶格有100个点,我们就得做10的10的8次方的次方(即$10^{100000000}$)运算,才能得到精确结果。即使我们用宇宙的所有电子来建造一台计算机,也做不了这些计算。因此需要开动脑筋把问题精简到可控的尺度。就算那样,我们也必须用极其强大和昂贵的计算机网络。研究者们单为这个问题就建造了专门的机器。终于，凭着计算机强大的能力和灵巧的算法，在新世纪之初我们得到了可靠的结果。不仅计算呈现了夸克禁闭，也正确揭示了强子的细节——诸如质子、中子和π子质量等物理量（π子被证明是特殊的强子）。更好的是，我们有可能为尚未进行的实验计算一些量，特别是牵涉到重b夸克的。

这个故事的许多人物也为理论物理学作出过其他重要贡献。写作本书时，杨振宁98岁了（生于1922年），他是中国科学的力量象征。特霍夫特继续引领着强相互作用的认识。他与萨斯坎德和霍金一起，名列关于引力的量子理论发展问题的最重要思想家。格罗斯后来在超弦理论的发展中发挥了重要作用。肯·威尔逊在强相互作用计算方面的工作，激发他对一般大尺度计算问题产生了极大兴趣，并研究其在化学和其他领域的应用。他因凝聚态物理和强相互作用理论的工作获得1982年诺贝尔奖。

但对多数物理学家——理论家和实验家——来说，所有这些都存在不令人满意的地方。物理学家喜欢做随手计算，也就是把事情做得尽可能简单，从而至少大致了解为什么具体复杂的计算会以那种方式得到结果。他们并不满足于说："看吧，计算机完成了这个艰巨的计算，这就是计算的结果。"位于新罕布什尔州彼得伯勒的克莱数学研究所，在新世纪到来前夕为7个数学物理难题资助了一笔奖金（叫千禧奖）。其中的一个奖项就是为了证明QCD出现的夸克禁闭不依赖于计算机。我把这个问题告诉了我的学生们。奖金是100万美元，还没人认领。

第六章

最轻的粒子有多重

　　科学家表征物体的一个关键量是它的质量。黄金之所以享有特殊地位,部分是因为它的稀缺和光泽,但也是因为很小一块金子就很重。相比之下,基本粒子都极端微小。一千亿亿亿个电子才 1 克多一点儿。相同数量的质子大约重 1 千克。现在我们不仅能称量这些粒子的巨大集团,还能单个研究它们并测量个体的质量。即使我们所知的最重粒子顶夸克也轻得可怜,一亿亿个加起来才 1 千克。但我们不能将一群粒子放到一起来称重。顶夸克的半衰期大约是 10^{-24} 秒,一团这样的粒子瞬间就会分裂瓦解,生成其他更轻的粒子。我们只能以更间接的方法测量顶夸克的质量。测量顶夸克的寿命也是一样的——我们没有测量那么小的时间间隔的时钟。许多其他粒子的质量也有类似的故事,虽然没那么戏剧性。

　　拿什么来解释这些粒子的质量? 难道它们只是课本后面附表中的数字或我们在网上查找的数字? 抑或我们可以用一组基本原理来认识它们? 我们已经看到两个这样的原理在运行了:狄拉克解释了为什么正电子(电子的反粒子)存在且具有和电子**完全相同的质量**。QED 先驱们证明每个粒子的反粒子都是如此。由于电动力学的基本原理,光子没有质量。但其他粒子呢? 为说明这个问题,我们需要拼接标准模型的另一块重要片段。

放射性很可怕——在大剂量时,如邻近核弹爆炸或核反应堆失控时,它能令人当场致命;较小的辐射暴露也可能致癌。但在一定意义上,放射性并不比其他毒药更可怕。从广岛、长崎、切尔诺贝利和福岛的经历,我们非常可靠地知道大剂量辐射的效应,而对化学和环境毒药的情形,我们不一定能做到这一点。

放射性天然地发生在地球的物质中或宇宙线(在遥远宇宙区域产生的高能粒子)轰击上层大气时。居里夫妇和卢瑟福用不同形式的天然发生的放射性探测物质结构。卢瑟福将天然发生的放射性分为3类:α、β 和 γ 辐射。他最终认识到 α 射线就是氦核,会在某些重核(包括铀和镭)分裂时发射出来。γ 射线是高能光子——能量远高于那些可见光、无线电波和你家用微波炉的光子。β 射线由电子或其反粒子组成。

以这样的方式来理解,辐射导致的危害就不那么神秘了。所有这些粒子都在我们身体里与原子和分子碰撞,令它们分裂。在强剂量时,这可能破坏大量细胞组织并很快杀死它们;在小剂量时,这会使DNA破裂,为很多疾病提供温床。理解虽然不能消除可怕的结果,却至少可以向我们发出潜在危害的警告,从而避免或减轻危害。

在中子发现之前,人们认为典型的原子核包含质子和一定数目的电子,而电子抵消了一定的质子电荷。但不清楚什么能将这些电子与质子紧密束缚在一起——为什么它们比在氢原子中更紧密。中子的发现,不仅认定了已知物质的一大组成部分,还清楚揭示了 β 辐射背后的现象。孤立的中子是放射性的,它大约在11分钟内分裂为质子、电子和其他粒子——中微子,中微子是我们遇到的最轻粒子,几乎不与其他形式的物质相互作用。回想一下,中子比质子重那么一小点,它们的质量差只是比电子质量大一点儿。根据爱因斯坦的原理,质量与能量是等价的。因为能量守恒,质子与中子的质量相似的结果是,中子只是勉强存在足以发生衰变的能量。在原子核中,中子能量更小,很多核根本不会发生衰变。碳12有6个质子和6个中子,是稳定的,对生命来说简直幸运。碳13有6个质子和7个中子,就不稳定了。

衰变过程也可以逆转。电子可以打击质子,这对粒子转化为一个中子并流出一个中微子。一种原子核能以这种方式转化为另一种核。这对大自然的"炼金"是至关重要的。* 主要由氢构成的恒星就是这样才能生成更重的元素——最终生成碳、氧、铁和生命所需的其他元素。这些核因恒星爆炸死亡(超新星爆发)而广泛分布于宇宙。我们就是早期恒星的尘埃的产物。

还回到中子衰变的话题:11分钟不算太长,但在一定意义上却是出奇地长。人类从日常生活的距离经验创造了长度单位,如英寸、英尺、英里和公里。但还有更自然的方式来思考不同的距离和时间。光到达距我们太阳最近的恒星需要2.4年,到达月球只需要大约2秒——不到前者的千万分之一(10^{-7})。光穿过原子的时间是10^{-18}秒,而穿过中子是10^{-23}秒! 与这个时间比起来,中子几乎是永久生存的。这种长时间尺度意味着与β衰变相关的力是极其微弱的。这个力叫弱力,其参与的相互作用被称为弱相互作用。**

新作用力意味着新的定律。1933年,费米从当时已知的中子衰变出发,提出一组新定律:即描述弱相互作用的定律。费米是从 QED 得到线索的。他的理论重现了中子衰变的很多特征,但还不完整。很久之后,费米理论才能描述所有复杂原子核和不稳定强子的β衰变。40多年里,人们大多用夸克、电子及其相关粒子,还有中微子来认识这些衰变。

---

　* 我第一次听说将弱力描述为宇宙炼金术士,是在科学作家考尔德(Nigel Calder)解说的一个电视节目里。

　** 这个寿命超长是因为中子与质子间的质量差非常小。

可是,即使这些特征逐个落实了,大量数据也得到描述了,费米理论仍然面临一个巨大问题。如果在很短的距离尺度或很高的能量下研究这一理论,会发现它不再有意义。作为一个量子力学理论,它预言了事件的概率。当过程牵涉的距离比质子小3个量级时,许多概率都大于1——这能说明什么呢? 实际上,对费米来说,这个问题的补救办法早就知道了。在QED中,带电粒子间的力源自光子的交换。在爱因斯坦的理论中,引力源自引力子的交换。光子和引力子都没有质量,因而能很容易地穿越很长的距离,力也可以作用在很大的距离。在费米理论中,弱力只作用于很短的距离——实际上是无限地短。这个论断——也许不像听起来那么疯狂,但多少还是有些疯狂的——正是问题的根源。如果弱力像电磁力和引力一样通过离子交换传递,但这些粒子是有质量的,那它们就只能穿越很短的距离,从而解释了力的短程特征。这有些类似π子在核力中的作用。为再现费米理论的成功部分,这些粒子应具有大约100倍质子或中子质量,需要两个这样的粒子——其作用犹如带电荷的有质量光子。这些粒子即所谓的W玻色子,W^+携带与电子相反的电荷,W^-则带与电子相同的电荷。

然而,这些粒子本身不能解决费米理论的所有问题。它们只不过将理论的崩溃推到了更短的距离。但理论终究还是崩溃了。首先是这些带质量"光子"的问题。我们说过,光子本身是无质量的,根源在于QED的基本对称性原理。原来,QED能成立,正是因为这些对称性(所谓规范对称性)的存在。在杨振宁和米尔斯的理论中,形势更为严峻,在那里,带电的力传递者("矢量玻色子"或"规范玻色子")只有在无质量时才能无恙,因为还存在更大的一组规范对称性。

1964年,这一切都改变了,几个理论家发现规范对称原理在规范玻色子具有质量时,存在一种实现方法。问题的研究者包括苏格兰的希格斯(Peter Higgs),比利时的布劳特(Robert Brout)和恩格勒(Francois

Englert)，美国的古拉尔尼克(Gerald Guralnik)和哈根(C. R. Hagen)，以及英国的基布尔(Tom Kibble)。作为一个历史性事件的结果，这种规范对称的表现即大家所知的**希格斯现象**。希格斯现象的发现者们——我称他们为"六人组"——意识到，如果像南部和戈德斯通的那些破缺对称是规范对称，就不会有无质量的玻色子。相反，规范玻色子本身都是有质量的。

六人组的理论有两个基本要素。首先是存在一种新的场，**希格斯场**，一种不同于电磁场的场。希格斯场是标量场，意思是不像电场或磁场那样有特定的指向(如地球磁场指向北极)，希格斯场没有方向性。重要的是，希格斯场在空间每个地方都具有非零值，从而为基本粒子赋予质量。希格斯场越强，质量就越大。其次，正如电磁场关联着光子，杨-米尔斯场关联着胶子、W 和 Z 玻色子，希格斯场也关联着一种粒子，在这种情形，粒子没有自旋，叫希格斯粒子。

为粒子理论做过很多工作的南部阳一郎在这个理论中也起着关键作用，尽管知道的人不多。在希格斯提交发表的原始论文中，他虽然知道他的机制为规范玻色子赋予了质量，却没有认识到他的模型预言了另一个标量——**希格斯玻色子**。正是论文的审稿人南部指出了这一点。

希格斯的发现者们并没有真正用他们的观测建立一个弱相互作用理论。理论到 1967 年才由哈佛的格拉肖(Sheldon Glashow)、时在 MIT 的温伯格(Steven Weinberg)(后来去了哈佛和得克萨斯大学)和当时在伦敦帝国学院工作的著名巴基斯坦物理学家萨拉姆(Abdus Salam)完成。他们的理论成为描述弱相互作用和电磁相互作用的标准模型的组成部分。他们为希格斯机制的实现提出了一种特别的建议，是所有可能中最简单的。他们的理论在费米版本的基础上添加了两样东西。除了 W^+ 和 W^- 粒子，还有另一个无电荷的规范玻色子 Z^0 和一个标量粒子——本质上就是南部指出的那个。他们的理论没有精确预言这些粒子有多重,但至少还是可以做出粗略的猜想。

那些不参与强相互作用的各种基本粒子叫轻子。那时,轻子包括电子、μ子和两种已知的中微子。它们很符合新理论。实际上,温伯格的论文标题就是"一个轻子模型"。那时已知的3种夸克(上、下和奇异)符合得并不太好。格拉肖和两位合作者提出,这个问题可以用假定存在第四种夸克来解决,他称之为**粲夸克**。有了这些东西,希格斯粒子不仅解释了 W 和 Z^0 粒子的质量,也解释了所有夸克和轻子的质量。

虽然六人组发现的希格斯机制令人钦佩,格拉肖、温伯格和萨拉姆却已是功成名就的理论家,而且还将在后来的多年里引领理论物理学。格拉肖与温伯格是朋友也是对手,还是1953年毕业的纽约市布朗克斯科学高中的同班同学。我在哈莱姆城市学院做教授的日子里,有两位从那个高中班级毕业的同事。一位是萨拉齐克(Myriam Sarachik),她就明显感到两个学霸的恐怖。她是凝聚态物质的实验家,1960年代初,面对盛行的性别歧视,她作为女性物理学家,顽强地奋斗着。她取得了很多为她赢得荣誉的成就,当时已经是国家科学院院士。近年来,她曾出任美国物理学家的主要专业团体美国物理学会的会长,2019年成为学会杰出研究成就奖章的第四个获得者。

我第一次遇到格拉肖是大学四年级访问哈佛时,我想去那儿读研究生。我对萨拉齐克后来说的事情深有同感——在我与格拉肖的短暂接触中,他问我为什么我自以为能胜任做理论物理,令我感觉自己就像一个白痴。我很幸运,哈佛拒绝了我的申请。3年后,阿佩尔奎斯特(Tom Appelquist)做了我的学位导师,他本人也是从当时哈佛的残酷环境下逃出的难民。他是很好的老师,对我一贯的愚笨和糊涂,他远比哈佛的那些老师宽容。

后来,我遇到了温伯格,他对我帮助很大。温伯格也是自视甚高的人,但对弱势者比格拉肖宽容得多。他接近年轻人和名望较低的同事,认为他们都值得交流,能从他们那儿学到东西。他在弱相互作用认识上实现跨越时,已经取得了一系列成果。在接下来的30年里,他一直是领域的引领者。最后他与夫人路易丝·温伯格(Louise Weinberg,法学教授)一起离开哈佛去了得克萨斯大学奥斯汀分校。本书即将完成时,温伯格去世了。他将永远被人怀念。

萨拉姆也在续写他的辉煌业绩。他在巴基斯坦和剑桥大学读书,1964年开始成为巴基斯坦物理学的领导者。他是阿马迪亚穆斯林教派成员,1974年他的教派被宣布为非穆斯林,他只好离开祖国。有趣的是,在我生活的圣何塞有一个活动积极的阿马迪亚社区,我和太太跟他们一起庆祝过几次开斋节。在我们那个地方,与大穆斯林团体的关系至少看起来是值得尊重的。

回到我们的故事,格拉肖、萨拉姆和温伯格的模型没有在物理学家圈子里立刻引起风暴。问题在于模型是基于杨振宁和米尔斯的思想,而我们在强相互作用理论的讨论中说过,它起初并没以任何明显的方式呈现物理意义。随着希格斯机制的加入,事情变得更加模糊。但特霍夫特解决了这个问题。他把为杨-米尔斯理论发展的方法推广到包含希格斯的情形,证明了整个理论都有意义。似乎只有在这一点上温伯格才接受自己的理论。

我们看到理论预言了5种新粒子:W^+、W^-、Z^0、粲夸克和希格斯玻色子。CERN和伊利诺伊州巴达维亚的费米实验室发现了Z^0粒子的间接证据。1974年11月,SLAC的里克特(Burt Richter)和MIT在长岛布鲁克海文国家实验室的丁肇中领导的两大研究团队发现了粲夸克。他们发现的显著信号引发了后来的"十一月革命"。我的导师阿佩尔奎斯特也早就预见到了(即便如此,他也没得到哈佛的终身职位)。紧接着便拉开了诺贝尔奖争夺战。特别是,格拉肖和温伯格对他们的模型自信满满,而刻意贬低其他众多竞争模型。我只能说,他们用冠冕堂皇的名字

"标准模型"来命名理论，是因为他们坚持认为它**就是**标准。实际上，到1970年代末，模型的许多预言都得到了证实。W^+，W^- 和 Z^0 粒子也一个个在1983年被发现了。粲夸克的实验发现为里克特和丁肇中赢得了诺贝尔奖，W和Z粒子的发现则令CERN的鲁比亚（Carlo Rubbia）和范德米尔（Simon van der Meer）获奖，因为他们驱动了导致他们发现的加速器和探测器的技术进步。

接下来的30年继续着戏剧性的发展。即使在W和Z粒子发现之前，几乎未曾料想的另一组夸克和轻子也被发现了。电子和μ子的一个伙伴粒子，即所谓τ轻子或有时也被称为重轻子，也在SLAC被发现了。τ轻子其实相当重，几乎是质子质量的两倍，电子的3500倍。"**轻子**"一词源自希腊语，意思是"**小**"，因此称τ子为重轻子有点儿矛盾修辞的意味。另一个夸克叫b夸克［代表beauty（美）或bottom（底）］，也在同时被发现了。标准模型的对称性还需要多一个夸克，叫顶夸克。又经过20年的追求，这种粒子在1995年费米实验室的实验中被发现了。顶夸克远比其他任何夸克或轻子重——比电子重10 000倍，比第二重的夸克（b夸克）重40倍。

第三组夸克和轻子并不真的令人惊奇，两个日本理论物理学家已经预见它们了。这第三代粒子的预言仍然是从对称性考虑得到的。我们已经说过牛顿定律的时间反演对称性——就自然定律而言，过去与未来是相同的。牛顿定律也不知道左和右的区别——这被称为宇称对称。这两种对称性也是麦克斯韦方程组的特征。当宇称破坏发现后，时间反演对称也面临着挑战。对基本粒子来说，由于量子力学和相对论的一般原理，时间反演将粒子与反粒子关联在一起，这种对称通常叫CP对称。在QED中，时间反演和宇称都表现为对理论的其他要求的自然结果，然而却不一定是弱相互作用（下面将看到，或强相互作用）的特征。在弱相互作用尚未很好地被认识时，实验家克罗宁（Jim Cronin）和菲奇(Val Fitch)就研究过这个问题。实验中有一个美妙的量子力学现象,涉及我们在前一章遇到过的K介子;实验还探索了爱因斯坦、波多尔斯基和罗森特别关注过的现象的一种新表现。克罗宁和菲奇确认了时间反演不是弱相互作用的好对称性。结果表明,在格拉肖、温伯格和萨拉姆提出的标准模型(像QED一样有两代夸克和轻子)中,时间反演自动成为一种实际可用的对称性。1973年,小林诚和益川敏英发现,如果有三代(或组)夸克和轻子,时间反演就不对了。这似乎是理解时间反演破坏的最捷路线。而且,我们将看到,假如时间反演是一种精确对称性,就不能理解宇宙的一个最基本事实:宇宙由物质组成,物质与反物质的总量不相等。

这种对称破缺还有其他可能的解释,我曾一度是另一种解释的拥护者。但新千年以来,美国和日本进行的系列美妙实验严格证实了小林和益川的模型是正确的。他们因这项工作(与南部一起)分享了2008年的诺贝尔奖。

找寻希格斯玻色子

于是,到2004年的时候,标准模型的所有特征都清楚了,但有一个例外,那就是希格斯粒子。理论家和实验家都开始朝着这块丢失的碎片努力。1990年,我在圣克鲁斯的同事哈伯(Howard Haber)连同道森(Sally Dawson,布鲁克海文国家实验室)、古尼翁(John Gunion,加州大学戴维斯分校)和凯恩(Gordon Kane,密歇根大学)写了一本书——《希格斯猎手指南》(*The Higgs Hunter's Guide*,年纪不太大的人或许记得,书的标题是在套用系列科幻小说《银河系漫游指南》的名字"The Hitchhiker's Guide to the Galaxy")。他们的书提出了寻找希格斯粒子的方法。结果表明,寻找方法依赖于希格斯粒子的质量、它在加速器中产生的机制以及它不同的衰变方式。

然而,30年来的一系列粒子加速器都没找到希格斯粒子的踪迹。到2008年大型强子对撞机(LHC)开始运行时,人们能确定的是希格斯粒子大约比质子重116倍。

LHC于1980年代末构想,那时美国正在追求最大加速器计划,超导超级对撞机(SSC),然而未实施。SSC本来要建在得克萨斯州离达拉斯30英里的沃克西哈奇镇附近。加速器将是一个巨大的环形装置,周长54英里。环由两个管子组成,各管载一束沿着相反方向环行的质子流。为保证质子在环形轨道运动,需要巨大的磁体。

我们都熟悉玩具或冰箱里的磁铁。它们多数被称为永磁体。它们基于电子自旋生成沿自旋方向的小磁场的事实。这些自旋多数时候是随机指向的,因而物体中众多原子的磁场会相互抵消。铁和其他几种材料则很特殊,它们的电子自旋倾向于整齐排列(这是另一种自发性对称破缺的例子)。但磁场实际上在大自然无处不在,电流产生的磁场更是司空见惯。这些磁场从一开始就对粒子加速器至关重要。对加速器重要的是带电粒子的路径,它们经过磁场时会发生偏转。磁场可以用来引导粒子穿过加速器去打击目标,并测量粒子的速度。

科学家和工程师知道如何制造的最强磁体是用超导材料制成的。在我们的房间、汽车和工作场所,电是本来携带电荷的材料携带的。但你可能注意到,你用的电器常常会在用过一定时间后发热。这是因为**电阻**。多数材料会阻碍电流;铜和铝是相对良好的导电体,就是说它们不太阻碍电流,而且不太贵重。1911年,荷兰物理学家昂内斯(Heike Kamerlingh Onnes)发现,有些材料冷却到**极端**低温时就完全不再阻碍电流,基本上成为理想导电体。这种现象背后的物理很有吸引力,持续吸引着凝聚态物理学家群体中相当一部分人的关注。但对我们眼下的问题来说,重要的是超导体能携带**巨大的**电流。正如我们已经了解的,电流生成磁场,而磁场可以非常强大。对加速器而言,存在一种平衡。

磁场越强,加速器环就可以做得越小。另一方面,超导磁体的运行要耗费大量能量——它们必须冷却到极低温度,而制冷需要大量花费。所以,SSC机器的大小体现着成本与效益的最优平衡。

从20世纪80年代后期到90年代早期,SSC进展迅速。大磁体原型建造完成并成功测试,工业化尺度产品的计划也在进行。安放加速器的隧道已经开挖。实验需要的大型粒子探测器通过了多方计划并进入实施。理论家和实验家对分析巨量实验数据的问题展开了研究。理论家们特别关注如何确保预期的各种现象,从希格斯粒子到一些奇异的可能现象(如超对称),不会在复杂的实验环境下错过。

但另一股力量也在萌动,它从一开始就给SSC的未来蒙上了阴影。最大的问题就是费用。粗略地说,需要大约100亿美元的经费。对任何国家的公民来说,要为纯知识追求(尽管也许能从加速器所需技术的研究中获得效益)投入那么多钱,都是大难题。很多州都竞争机器落户,但当得克萨斯州被选中以后,其他49个州就不会从加速器得到多少财政好处(尽管承包商分布很广)。布什(George H. W. Bush)总统来自得州,这可能使计划受益,但它面临另一个第22条军规式的尴尬问题。根据SSC给国会的部分原始论证,这是一个**国家**计划,将提升美国的科学声望。可是,当预算问题变得越来越严峻时,项目的问题就变成了:为什么不能有更国际化的合作呢?到1990年代初,新总统上台(尽管他有广泛的知识兴趣),联邦赤字面临更严峻的政治环境。1993年,来自国会的支持减弱了,计划被迫取消。《白宫风云》(*The West Wing*)的粉丝可能记得(或想看),第四季(2002年)就有一集是受这个事件启发的。

幸运的是,经过SSC的大部分计划,另一个建议也提上了日程:在坐落于瑞士日内瓦的CERN(欧洲为粒子物理服务的大型实验室)建造一台加速器。CERN是二战后创建的,在那些艰难岁月里,为复兴欧洲科学技术发挥了巨大作用。在那些年,实验室的系列加速器取得了很多重要发现,包括 W 和 Z 玻色子,还精确检验了 QCD 和弱相互作用理论。最后提议建造的大型强子对撞机(LHC)不像 SSC 那么强大,却如初始构想那样,很快就开始建造了。在 SSC 项目积极推进时,多数美国人对欧洲人的计划不屑一顾。它计划的能量和其他性能都不如计划的 SSC。或许某些美国物理学家认为,欧洲人想做一件快事,抢先摘取长在低处的果实,把 SSC 的细活儿甩在后面。但随着 SSC 的取消,一切都改变了。我在圣克鲁斯的实验同事们曾主要负责 SSC 的一个探测器。在 SSC 取消的那段时间,他们应邀加入 LHC 的一个实验,很快就重振精神去日内瓦了。我为他们的精神感到震惊。我可能至少得花几个月的时间来哀叹那些被浪费的努力。

LHC 从未像 SSC 那样面临被取消的威胁,但也遇到过来自技术和财政两方面的挑战。本来计划几年的项目竟拖了 15 年。我还是为同事们(不仅是圣克鲁斯的几个)的毅力和恒心感到钦佩。不过,一切都慢慢好起来了。需要的磁体(也是超导体)研发、测试并生产了(数千个磁体在几个国家生产)。27 千米的隧道(多处深度超过 500 英尺*)挖好了。两个巨大的探测器也造好了。2008 年,万事俱备。

我不是实验家,并不总是了解这些非凡机器的事实和数据。我想起 2005 年参加过费米实验室的一个评审。实验室主任在谈话中说实验室广泛参与了 LHC 的工作,还提到那个机器储存的能量相当于航空母舰以 40 节的速度(约每小时 45 英里)航行的动能。我听后走神了——在我的位置上这是很失礼的行为——但我忍不住要检验一下这个数字,很快发现它是对的。我开始想象一个科幻电影场景:当航母以几乎高速公路限速的速度靠近时,控制塔上的人得让它停下——好可怕的

---

* 1 英尺约为 0.3 米。——译者

事情！

经过多年等待，LHC跌跌撞撞地启动了。才几个星期就发生了事故，一个电路故障导致一些磁体发热或"恢复常态"（因而终止了超导作用）。在超导磁体的世界，这是灾难性的故障。储存在磁体电流及其磁场中的巨大能量几乎在瞬间转化为热，这正是我想象的那个科幻的噩梦场景，只能靠控制机器的系统及时处理，消减这些多余的能量，挽救机器。幸运的是，LHC活下来了，但必须完全关闭。几百块磁体必须更换，系统必须改进以避免灾难再次发生。这个过程经历了两年。机器安装了很多防故障装置，而且只能在一半设计能量下运行，原来的目标不再被认为是安全的了。

机器重启时，可以想象加速器的操作者们是如何小心翼翼。但这次事情不同了。LHC运行完美。在接下来的两年里，在能量约为125倍质子mc^2水平出现了希格斯玻色子的线索。最后，在2012年7月4日，希格斯粒子的证据达到了统计学的确定程度，希格斯玻色子的发现被正式宣布。

实验究竟做了什么？它们实实在在地研究了万亿次质子碰撞。两个质子在LHC中相遇碰撞的能量大约为8000倍单个质子的mc^2——足以生成8000个质子！实验中，每次碰撞产生几百个不同类型的粒子。两个巨型探测器ATLAS（LHC的超导环形装置）和CMS（紧凑μ子线圈）在这些粒子出现时测量它们的性质。这两个装置都很大（ATLAS探测器重达7000吨，CMS则达14 000吨），同时却很精密。它们能确定几乎所有可能出现的粒子的性质——能量、动量、电荷，而更为关键的是能确定其身份。实际上，由于每秒发生的碰撞太多（约10亿次），每次碰撞的测量也太多，不可能记录探测器获取的所有信息。因此，由计算机来决定（现在仍然是）哪些事件最有希望揭示希格斯粒子或其他新现象。大约1000万个信息里只有一个被记录。即使这样，也留下了15千万亿比特的数据量（大约50万台笔记本电脑的数据，或100倍国会图书馆的数据总量）。那么，在如此浩瀚的汪洋大海中，是如何捞起一个希格斯粒子的呢？大约100亿次碰撞才能产生一个希格斯粒子。换句话说，假如你每秒钟检查一次碰撞的产物，那么每千年才能看到3个希格斯粒子。而当你看见希格斯粒子时，也并不意味着它的真身出现了。希格斯粒子有很强的放射性，这意味着它在产生出来时就几乎立刻发生放射性衰变了——大约在10^{-25}（即亿亿亿分之一）秒内。如此短暂的时间，即使用最快的电子设备，也不可能以任何直接方式看到它。相反，恰恰是衰变产物留下了它的线索。这实际上是不确定性原理的一个应用。确定希格斯粒子能量（呈现在数据中）的精度极限关联着不稳定粒子的寿命。

大自然为希格斯探测带来了更多的挑战。大多数希格斯衰变都生成一种特定类型的夸克，底夸克（即b夸克）。但底夸克在加速器中也通过所有其他方式产生；由于产生方式太多，太偶然，它们常与希格斯的衰变产物混淆不清。于是，实验是反过来先寻找稀有的衰变——生成一对非常高能的γ射线的衰变。这些射线同样也在加速器的众多过程中大量生成，但理论家可以精确解释其他过程（这本身也是了不起的技艺）。我们已经知道，对100 GeV或更高能的希格斯粒子来说，有可能看到少许多余的这类光子对。实际上，两个实验就是在这个现象中发现希格斯粒子的第一个证据的。

自首次发现公布以来，证据越来越好了。希格斯的其他衰变也看到了，都与最简单形式的标准模型的预期一致。我们可能认识了比原子核小5个量级尺度下的所有自然定律。进一步的实验研究，不论在LHC，还是在日本、中国和CERN的其他计划的机器中，首要的问题将是寻找希格斯粒子的性质与标准模型预言的微小偏差，但经由粒子物理的途径进行的标准模型研究也许将接近终点了。

第七章

星 光

有些物理学家出名了,有些尽管贡献卓著却默默无闻。我们在前面遇到过的贝特很出名,被公认为20世纪(和21世纪初)最伟大的理论物理学家之一。他1906年生在德国,小时候就表现出天赋。因母亲是犹太人,1933年纳粹上台时他成了被迫害对象。他辗转英国和意大利一段时间后,于1935年来到美国,在康奈尔大学度过主要的学术生涯。我们已经说过他在量子电动力学方面的工作。他对我们理解原子和原子核物理作过许多贡献。二战期间,他在洛斯阿拉莫斯领导一群理论家做原子弹研究。战后,他是军备控制和合理能源政策的著名倡导者。90多岁了,他还在坚持做研究;我有幸参加过他在接近生命尽头时做的洋溢着激情和雄辩的讲座,主题包括天体物理学和中微子。对我们关于宇宙的认识,贝特迈出过特别重要的一步:他解释了恒星是如何活动的。在发现原子核和核反应堆蕴藏大量能源之前,太阳和恒星一直是一个谜。如果恒星靠普通的化学反应提供能源,它们几千年就会将燃料耗尽,然而它们燃烧几十亿年了。核反应的能量比化学反应高出数百万倍,人们认识到这可以解释两者的差别。正是贝特在1938年构想了为太阳和恒星提供能源的现代核反应图景。他因对我们认识恒星的贡献获得1967年诺贝尔奖。

从这个起点开始,天文学家才形成一个恒星如何形成、燃烧和死亡的图景。恒星诞生于巨大氢原子云在自身重力下向更小空间的坍缩。引力作用的强大挤压迫使星云加热到极高的温度。它的内部变得高热异常，导致氢核在碰撞中发生核反应，产生大量能量和重元素。这样的核燃烧要持续数十亿年。最后，燃料耗尽，恒星不再能抵御炽热内核的引力，发生坍缩。不同恒星的最终状态是不同的，依赖于恒星的质量。我们的太阳将经历一个漫长的**红巨星**阶段，最后坍缩成一种叫**白矮星**的天体，一种致密的地球大小的不复燃烧的星体。质量更大的恒星坍缩后发生超新星爆发，将大量物质喷向太空，留下一个中子星或黑洞。喷出的物质最后坍缩形成新的恒星和行星，产生我们熟悉的生命必需的原料——碳、氮、氧和铁。这些过程自然而然，至少符合天文学的大量观测数据。但多数过程发生在恒星深处，我们不可能看见发生了什么。或许，我们能看见呢？现在，该让非著名科学家约翰·巴考尔（John Bahcall）登场了。

2016年，我参加了在盐湖城召开的美国物理学会会议。我是去那儿看老朋友威滕（他将是后面章节的主角）接受美国物理学会首次颁发的杰出研究成就奖章，我是他的提名人。但在那个会上，最令人难忘的时刻之一是普林斯顿大学的天文学教授内塔·巴考尔（Neta Bahcall）的讲话。她谈的是她已故的丈夫、理论天体物理学家和天文学家约翰·巴考尔。她讲了一个动人的爱情和婚姻的故事，带着一丝沮丧，因为约翰未能获得诺贝尔奖，许多物理学家认为他应该获奖。

巴考尔有很多值得赞美的贡献，但最有影响的成果源于对下面问题的关注：我们的太阳究竟是如何工作的？我们如何用**实验**检验我们对它的认识？对第一个问题，巴考尔运用了贝特等人的思想建立了一个具体的模型，包括精确预言太阳内部有多高热（1500万开，或1.5×10^7摄氏度）。

至于第二个问题，我们所能看见的只是太阳的表面，然后从这些观察提取一些信息。模型的预言可以通过测量的温度、太阳耀斑和所谓日震(类似于地震,实际上是巴考尔感兴趣的问题)之类的现象来检验。但我们不可能从太阳内部,更不用说其他更远恒星的内部,来证实我们的图景。太阳内部极其炽热和致密,而光本身——高能量的光子——不可能流出来。太阳深部产生的光子反倒与电子和原子核发生高频率碰撞。光子犹如醉鬼漫步,在核心产生数百万年后才可能冒出来。在它们开始穿越太空飞向地球的旅行中,能量只剩它们产生时的一点零头。

但巴考尔发现还有另一种探究太阳核心的方法。太阳和恒星的核反应产生中微子,它们是与光子迥然不同的粒子,与普通物质的相互作用极其微弱。所以巴考尔意识到太阳产生的几乎所有中微子都会逃逸出来。很多中微子将会在产生8分钟过后打在地球上。于是问题来了:你能探测出其中的几个吗?你希望能"看见"多少?巴考尔根据他的模型(现在叫**标准太阳模型**)很快就估计出了每秒来自太阳的中微子数量及其能量。那接下来该怎样探测它们呢?巴考尔推测,如果用多种材料做探测器,大多数中微子会穿过它们,但偶尔会有个别中微子停下来。将材料视作原子集合——更重要的是原子核的集合,则打在氯原子核的中微子会玩"炼丹"。氯原子成了实验的主要目标物,它有17个质子和20个中子。中微子将一个中子转变成质子和电子,生成的氩原子核有18个质子和19个中子。氩原子是放射性的,半衰期为35天。

巴考尔请布鲁克海文国家实验室的化学家戴维斯(Ray Davis)做他的合作者。戴维斯设计了由一个大水箱构成的探测器,水箱装满纯净液体(四氯化碳,一个碳原子和四个氯原子组成的分子)。他制定了一套流程,每隔几个星期冲洗一次水池,检查衰变的氩原子核。

放射性很可怕,但与其他毒物比起来,它更易于检测。放射性一般包括高速带电粒子的发射,这些粒子在穿过物质时会从原子中打出电子来。离子的径迹可以通过一系列装置来观察。对放射性来说,最著名的装置可能是盖革计数器。LHC和它的两个巨型探测器显然就是这种计数器的放大版——而且是**极其**巨大。在戴维斯看来,关键在于氩原子的放射性能可靠地探测。

巴考尔和戴维斯将这个装置当作一种新型的天文台,它不是寻找来自太阳或恒星的光,而是寻找中微子。他们认识到实验必须在地下深部做。否则,很多效应——最重要的是来自太空的宇宙线——将与两位物理学家寻找并计数的稀有中微子事件混在一起。戴维斯把他的水池建在霍姆斯特克矿(南达科他州的一座金矿)的4850英尺深的地下。戴维斯与巴考尔的战役持续了多年,戴维斯始终发现中微子相互作用的比率要比巴考尔预言的小,是其预言的1/3。很多人(包括我)都不相信这个测量能告诉我们什么有意义的东西。也许巴考尔的计算并不像他说的那么可靠。结果表明,如果他预言的太阳内部温度差一个很小的量,这个误差就能解释测量的偏差了。实验本身可能有问题。

但巴考尔不断检验和修正他的计算,坚持认为这些不确定性不能解释观测到的中微子缺失。戴维斯多次检查了实验,他的合作团队外的其他人员也检查了他们的技术,但不能指向某个系统问题。那些年里,问题越变越有意思,有人提出并进行了其他实验。与戴维斯的实验比,这些实验对不同能量的中微子更为敏感,因而也对太阳内部的不同过程更敏感。这有助于消除可能的系统误差问题。

同时,很多物理学家开始考虑另一种可能。也许戴维斯实验的问题并不是我们对太阳的理解,而是对中微子的认识。中微子有3种类型,一种是电子的伙伴,ν_e;一种是μ子的伙伴,ν_μ;一种是τ子的伙伴,ν_τ。所有这些都已知是很轻的粒子,远轻于电子。在戴维斯做实验的年月,很多物理学家假定中微子像光子一样根本没有质量。但假如它们有很小的质量,量子力学就会给出一种有趣的可能。正如量子力学不允许说一个在某特定点的粒子同时具有特定的速度,那么,如果中微子有质量,我们就不能确定地说有那3种中微子的哪一种。也许中微子在它们从太阳过来的路上,会从原来电子的伙伴变成其他粒子的伙伴,因而没有在戴维斯的实验中探测出来。

对我这样的怀疑者来说,这些东西是不容易理解的。中微子质量本身(和"振荡")倒不怎么令人惊奇;惊奇的是它们的质量必须正好落在中微子来地球的途中(距离不长也不短)振荡发生的范围。这看起来仿佛有某个力量在密谋破坏戴维斯的实验。然而,戴维斯的结果激发的其他实验也发现了偏差,或许也可以拿中微子质量来解释。

但这时在涉及中微子的其他现象中出现了一个反常。除了来自太阳的中微子,也有从宇宙线到地球的中微子。宇宙线由太空深处生成的高能粒子(很多来自其他星系)组成。这些粒子多数是质子,但也包含更重的核和光子。核在打击高空大气时产生剧烈的核反应,其产物中就有中微子。这些中微子大多是 μ 子型的,比来自太阳的中微子的能量高得多。

不同的中微子实验研究过这些**大气中微子**流,坐落于日本池野山的一个矿下的超级神冈探测器实验就是其中之一。这个探测器发现了 μ 子型中微子的缺失! 这对我这样的怀疑者来说似乎**真的**太难理解了。这回的距离尺度大为不同,约为100英里,而不是1亿英里;中微子不同,能量也不同。这样看来,我们似乎需要两个解释了。很容易想到的是,我们并没有恰当认识太阳,而物理学家也没有正确算出可能来自宇宙线的中微子的数量。但在这期间,随着进一步的实验,支持中微子质量和中微子振荡的证据越来越扎实,包括日本的另外两组实验。一组是神冈的液体闪烁体反中微子探测器(KamLAND)实验,探测来自国内核反应堆的中微子。反应堆的内部运行是大家熟悉的,从反应堆产生的中微子的数量和它们的能量可以精确计算出来。结果支持中微子振荡假设(福岛核电站的悲剧事故实际上提供了一个重要的数据点;以预期方式从数据集中清除那个反应堆,将在整体上改变日本的中微子流)。另一组实验是以东京附近的一个加速器(叫KEK,在神冈探测器的矿山)产生的中微子流为目标。实验叫K2K。结果仍然支持中微子有质量的假设。

决定性的证据来自加拿大的SNO(萨德伯里中微子天文台)实验。这个实验坐落在极深的镍矿下,采用了不同的策略。其他的这些实验都是寻求中微子相互作用中粒子改变电荷的事件。例如,质子变成中子,中微子变成电子。但也有另一类中微子相互作用,叫中微子流过程,其中微子和其他粒子都不改变身份。探测这些反应遇到了特别的挑战,但关键的还是每种类型的中微子都有相同的相互作用率。因此,即使中微子一路振荡,来自太阳(或高空大气)的每个中微子也将产生相同数量的相互作用。于是,探测的中微子总数应该和巴考尔原先预言的一样多。令人惊奇的是,SNO实验发现它们是精确一致的。

这时候,我们有了精确测量的许多中微子性质。最近,在中国大亚湾反应堆(大亚湾濒临中国南海)附近展开的国际合作(包括中国和美国)报告了一些重要结果。这条研究路线无疑还将继续下去,而且是美国能源部高能物理计划的主要部分。

巴考尔与戴维斯合作的故事是一个不懈努力的传奇,它拒绝走简单路线,而是坚持认真对待意外的结果。戴维斯2002年获诺贝尔奖,但巴考尔没有。很多人猜测过个中缘由,但诺贝尔奖委员会的内幕没有公开。说句题外话,在戴维斯获奖后不久,我访问了高等研究院。一天傍晚,我和8岁的女儿夏芙拉(Shifrah)坐在外面,看见巴考尔走过来。

我们进行了愉快的交谈,谈科学,也谈家庭和其他事情。然后,我给夏芙拉讲了巴考尔和戴维斯的故事与诺贝尔奖的事情。她听后,小脸气鼓鼓的。后来,她上大学读物理,写了一篇关于中微子质量发现的论文。2015年的一天早晨,在与车友去上班的路上,我听到了诺贝尔奖的消息,给了超级神冈探测器和SNO合作的中微子振荡的发现[颁给了合作的领导者,日本的梶田隆章和加拿大的麦克唐纳(Arthur B. McDonald)]。我马上取出笔记本电脑,用夏芙拉的文章和图表准备给学生讲讲这次颁奖的意义。巴考尔已于2005年去世,人们以不同方式给了他荣誉,我想也包括我女儿对中微子的持续兴趣。然而,诺贝尔奖忽略了他,这对他妻子内塔和他的许多朋友来说,仍然是一种伤痛。

中微子如何获得质量的问题,指向了更小的距离尺度——大概比原子核小14个数量级(一百万亿分之一)。但是,它跟众多小尺度问题一样,也为揭示宇宙尺度的大现象带来了希望。这将我们引向本书的下一部分。到现在为止,我们只是集中谈了一些我们知道(或以为知道)答案的问题。接下来我们将进入不为人知的领地——那里有亟待解决的问题和猜想,有些猜想可能是对的,等着实验的检验。我们将在下一章看到,中微子(以及为它带来质量的过程)很可能是我们已知的物质存在的原因。如果真是这样,这将发生在极早的宇宙,大约大爆炸后10^{-37}秒(十万亿亿亿亿分之一秒)。至于其他问题,科学还一无所知。

下一步

◇◇ 第八章

为什么是有而不是无

我们前面说过,狄拉克在写出符合爱因斯坦狭义相对论原理的电子的量子力学理论时,偶然发现了反物质。他预言这种粒子具有与电子精确相等的质量,却带有相反的电荷。很快发现这是一个非常普遍的法则。对每个具有给定电荷的粒子,总存在具有相反电荷而质量完全一样的反粒子。几乎在狄拉克进行理论思考的同时,反电子——正电子——就被发现了。反质子是随着大型加速器的发展到1955年才在伯克利被发现的。然后更多的反粒子被陆续发现。就连中性粒子也有反粒子——如反中子和反中微子。虽然反中子和中子一样都不带电荷,它们各自却有不同的衰变方式。记住,中子衰变成质子、电子和反中微子,而反中子衰变成反质子、正电子和中微子。反中子与中子碰撞发生湮灭,生成其他形式的物质和能量。

到20世纪末,反物质成为寻常事物。所有类型粒子的反粒子都在加速器中产生了。反电子束与电子束的碰撞被用于斯坦福和CERN的实验,通过它们研究诸如Z^0那样的粒子。在CERN和费米实验室,反质子束与质子束的碰撞是发现W、Z^0粒子和顶夸克的关键。

另一方面,我们的经验世界好像几乎完全是由物质而非反物质构成的。这对我们当然是再好不过;如果在邻近的行星、恒星甚至不太遥远的星系与反物质的石块碰撞了,那可是真要命的灾难。但从大宇宙看,或许不是这样的。当然,这不是我们杞人忧天的问题。但既然知道有反物质,这在逻辑上总是可能的。假如我们银河系真有反物质星体,我们也不容易通过观察看出来。它们发出的光与普通恒星发出的光应该是非常相似的——实际上是完全一样的。但在时间的长河里,物质星与反物质星总会相撞(或靠近),结果是惊天动地的爆炸。即使经过反物质尘埃(尘埃是宇航员对太空自由运动的氢或类似原子的称呼)的云团,也将产生大量高能 γ 射线。通过这些考虑,天体物理学家可以为可观测宇宙可能存在的反物质总量确定一个极限,答案是它不会太多。

实际上我们今天可以通过比较质子加中子的数量与宇宙微波背景辐射中的光子的数量,来特征性地确定宇宙物质的总量。在宇宙的每立方米中,平均有大约 5 亿个微波光子。在同样的体积内,找到一个质子或中子的概率还不到百分之十。换句话说,你发现质子或中子("重子")的概率只是发现光子概率的 100 亿分之一。这比你中彩票的概率还要小。这个数字(10^{-10})其实是精确测量的,叫"重子光子比"。人们发现,至少在宇宙某个极早期过后,这个数字就不随时间变化了。物质相对于光子的缺损需要一个解释。如果大胆猜想,我们或许可以说应该存在相当数量的重子和光子,或者根本就不该有重子。

在我们的标准宇宙学中,大爆炸刚过的极短时间里,宇宙远比今天炽热。记住,温度越高,粒子能量越大。在足够高热时,粒子具有极高的能量,那么根据 $E = mc^2$,它会将部分能量(E)转化为物质(质量为 m),也就是质子和反质子或中子和反中子。宇宙在大爆炸万分之一(10^{-4})秒后,就是这种状态。因此,粒子和反粒子的数量应该大致相等,而且大致等于光子的数量。如果我们跟着宇宙的时间往前,假如重子数与反重子数精确相等,它们将彻底湮灭,只留下光子。这样就不会有质子和中子形成的恒星、星系、行星和人类。相反,如果要宇宙像我们今天看到的样子,物质就必须比反物质多一点,恰好留下我们今天看到的质子、中子和电子数量，大约每100亿个微波光子中有它们的一个。

以这种方式来思考，宇宙确实只包含了少量的物质，而几乎没有反物质。宇宙学家称这个微小的物质盈余为物质−反物质不对称，这是10的幂在大自然的又一个奇异表现。这里我们就说重子（质子加中子）数与光子数之比约为10^{-10}。

为认识这个数字有多么奇异，我们需要回到自然定律的对称性。这里起作用的是两种重要的对称。第一种是粒子与反粒子之间的对称——它们有完全相同的质量和完全相反的电荷。结果表明，这一点源自量子力学和爱因斯坦狭义相对论的基本原理。假如粒子和反粒子在各方面都真是一样的，就很难以科学的方式解释为什么宇宙的粒子多于反粒子。我们将不得不假定宇宙或许就是通过某个更高等的力量以这种方式生成的。那个力量提供了恰当的物质总量，正好说明为什么宇宙对人类友好。但即使皈依世界的这个或那个宗教的科学家，也不会满意这样的解释。

物理学家为粒子与反粒子之间的貌似可能精确的对称性起了一个名字，叫CP。根据量子力学和狭义相对论的一般原理，这等价于时间反演不变性，我们前面讨论过的。然而，虽然粒子及其反粒子一定具有精确相等的质量，结果却表明它们与其他粒子的作用方式——例如它们的碰撞频率——却未必完全相同。标准模型**几乎**有精确的粒子和反粒子对称。我们在学习弱相互作用时看到，实验已经观察到一定的偏差，而解释的关键在于第三代夸克和轻子——底夸克和顶夸克、τ轻子及其相关的中微子。

我高中上化学课时，学过其他守恒定律。其中一个是质量守恒。这对我们在课堂做实验很有用。但根据爱因斯坦的发现，我们知道这不是精确的：质量可以转化为其他形式的能量，而能量也可以转化为质量。我们老师将这个更精密的守恒定律形式称为**物质的守恒**。在核反应中,质子可以转变为中子,中子可以转变为质子。但质子和中子的总数在任何核反应中总是不变的。当允许反质子和反中子时,我们还得推广这个法则。例如,一对光子可以碰撞生成质子和反质子。因此我们也许可以认为粒子(质子加中子)的总数**减去**反粒子(反质子加反中子)的总数在碰撞前后是不变的。物理学家说**重子数守恒**,这个法则在标准模型中几乎是精确的。假如它在大自然是精确的,那么,如果我们从宇宙早期的某个重子数开始,它将保持不变。假如它从零开始,就将一直是零。我们又处于不得不祈求神灵的危险之中了。

萨哈罗夫(Andrei Sakharov)是苏联的重要物理学家,也是积极的不同政见者。他生于1921年,1950年代在发展苏联氢弹中发挥了关键作用。由于他对人权和军备控制的倡导性工作,他获得1975年诺贝尔和平奖。1980年,他在国内被流放,1988年去世。

我们现在回到1965年,第一次发现时间反演(CP)对称性破坏之后不久,萨哈罗夫认识到这可能是宇宙物质创生的一个重要线索。他为自然定律设定了3个要求,从而初始具有相等物质和反物质的宇宙将演化出它们的非对称性。其中的两个要求我们已经遇到了:CP守恒和重子数守恒的破坏。第三个要求与时间本身有关:时间必须有箭头。在时间向前和向后流逝之间必须有明确的区分。在我们日常生活中,时间之箭被认为是理所当然的东西,仿佛还带着些许逝者如斯的伤感。我们在变老,身体在逐渐退化。家里和办公室的东西磨损了,不再运行了。很难想象时间倒转的跳水者先从池子里冒出来,然后落脚到跳板上,但这样的事情是符合牛顿定律的。向前和向后事件的区别在于起点和终点的复杂性。为确定跳水者的事件倒转,我们还得在倒转方向上把水滴压回去,产生足够的压力把跳水者挤出水池退回到跳板上。要实现这一点,其难度是不可想象的。

熵是刻画这种复杂性的一种方法。在任何"合理的"情况下,熵(即复杂性)都是增加的。所以时间之箭与复杂性或熵的增长有一定关系。跳水者和水的状态在入水之后远比入水之前复杂。宇宙极早期如何实现这种跳水反转的过程,部分解说了萨哈罗夫的3个条件是如何在大爆炸之后实现的。

重子数破坏看起来会怎么样呢? 可能破坏重子数的反应是质子到正电子和介子(我们在核物理章节遇到的)π^0 的衰变。我们可以将此衰变写成 $p \rightarrow \pi^0 + e^+$。这符合我们相信绝对成立的所有守恒律——电荷、能量、动量和角动量的守恒,但它打破了重子数的守恒。初始质子带一个单位的重子数,但 π^0 的重子数为零(它由一个夸克和一个反夸克构成,分别像 1/3 个重子和 1/3 个反重子,因此没有净重子数)。正电子也是零重子数,所以总的衰变破坏了重子数。实际上,π^0 本身是放射性的,会转变为半衰期为 10^{-16} 秒的一对光子。假如这一转变发生了,质子将最终转化为一个正电子和两个光子,不留任何形成原子核的东西。

有心的读者可能会看出这些反应将违反另一个守恒律。在这个衰变过程中,不但重子数消失了,轻子(电子或正电子)数也变了——从零产生出来了。正如标准模型保持重子数减反重子数不变,它也保持轻子数(轻子数减反轻子数)不变。我们将看到,有很好的理由认为这个守恒律在自然界必然会被打破。

萨哈罗夫提出这个想法时,是相当激进的。即使今天经过了那么多研究,也没有破坏重子数的相互作用的证据。假如真有那样的事件,那一定十分稀少,即使在一个像房间那么大的水箱里,每年也发生不到一次。因此,如果是这样的过程导致观察到的物质–反物质不对称,它们在宇宙早期一定比现在普遍得多。

CP(时间反演)破坏的要求也很容易理解。在高热的早期宇宙,破坏重子数的衰变过程也可以倒转发生。正电子可以与 π^0 碰撞生成质子,或者电子与 π^0 碰撞生成反质子。假如这些过程的发生频率相同(即有相等的概率),那么,当我们从相等的质子数和反质子数出发,将总有相等的质子数和反质子数。因此,涉及粒子和反粒子的过程**必然不会**以精确相等的频率发生。正如我们说过的,时间反演(即CP)告诉我们粒子完全像反粒子那样活动,这些过程**将会**以相同频率发生,除非对称被打破。因此,若想至少可能存在某个生成的质子数多于反质子数的过程,CP破坏就是根本性的要求。

最后,萨哈罗夫断言时间必然有一个**偏好的**方向。当然,我们人类看自己是那个时间方向的奴隶,我们不能"回到过去"修正自己的错误,追回失去的机会(或自己从泳池弹回跳板)。然而,对基本粒子来说,这在某些方面是萨哈罗夫条件中最微妙的东西。同前面一样,我们可以考虑质子和反质子衰变过程以及生成新质子和反质子的逆过程。如果没有特别的时间方向,这些生成过程将与衰变过程一样频繁,重子数将不会改变。如果一个热系统向前和向后的反应具有相同的速率,化学家和物理学家将这种系统状态描述为热平衡态。费曼曾构想一种平衡的定义方式;他说(大概意思),"一个系统处于平衡,是指它的所有快事件都发生过了,而所有慢事件还没有发生"。太阳为费曼的定义提供了例证。当下的太阳是热的,在任何给定时刻都处于近似的热平衡状态。这里,费曼所说的快事件是太阳中心的氢原子核碰撞或表面附近的光的散射。太阳中心的原子核碰撞发生的时间尺度是若干分之一秒。中心产生的光子经过频繁反复的电子和质子散射,才慢慢扩散到太阳表面。太阳内部产生的辐射要经过几百万年才能到达表面,在那段时间里太阳没有大的变化。但太阳在慢慢燃烧它的核燃料。大约50亿年后,它将燃尽燃料发生巨变,先坍缩然后变成红巨星。这时,太阳将达到一个新的平衡态。这是费曼所谓慢事件的一个极端例子。

在太阳的故事里,我们有一支时间之箭。时间流在过程中具有方向性(和我们伤感的生命流逝一样)。我们前面说过,这密切联系着熵的概念,它可以描述为系统的无序程度。处于热平衡的系统是高度无序的。如果我们不能给每个原子和光子列一个清单——确实不可能——就只能做一个粗略的描述。我们只能说太阳的温度、密度、大小,等等,其他更多的事情就不知道了。著名的热力学第二定律指出,熵永远不会随时间减小;实际上它几乎总是在增大。

这个条件在大爆炸宇宙学中很容易得到满足。时间之箭明显是存在的,宇宙随时间流逝而膨胀着。我们甚至可以认为宇宙的大小就代表一个时钟。例如,我们不说宇宙年龄是1亿年,而可以给出宇宙在那个时间的大小。但这里有一个问题。当宇宙在3分钟时——与现在比当然很年轻——它每过15分钟长大一倍。这看起来变化很剧烈,但与质子和中子的碰撞时间相比,却是一段极其漫长的时间。所以,从构成早期宇宙的热等离子体的基本粒子的角度来看,宇宙膨胀是极端缓慢的过程。用费曼的话说,这个系统总是(几乎)处于平衡状态。如果是大爆炸导致了重子的不对称,那在更早时期一定发生过更剧烈的事情。

萨哈罗夫提出了一个能满足这些条件的模型。虽然模型证明了物质–反物质不对称可能源于早期宇宙的微观过程的原理,但那也并不是特别合理(当时连标准模型的主要要素都不知道)。但我们今天对自然定律的认识更多了,还知道标准模型的相互作用如何嵌入更大的理论结构。

尽管萨哈罗夫的模型不是特别令人信服,但它将物质起源问题转化为一个科学问题,产生了令人瞩目的影响。特别是,如果质子能衰变,那么**万物**都有放射性。如果质子的半衰期与中子一样,我们都将在几分钟内消失。因此那是不可能的。实际上,如果半衰期小于10^{16}年,我们的身体内每秒就有大约100 000个那样的衰变发生,这将导致癌症,很快会将我们杀死。[这一点是物理学家戈德哈伯(Maurice Goldhaber)指出的,他说"我们从骨子里知道"质子的寿命是非常长的。]

那么,质子的寿命到底有多长呢?

标准模型中的重子生成

要解决的第一个问题是:萨哈罗夫的3个条件——CP守恒的破坏、重子数守恒的破坏和时间之箭的存在——在标准模型本身以及大爆炸中实现了吗? 长久以来,直到1980年代,问题的答案都被认为是坚决否定的。但问题后来显得微妙了。标准模型确实打破了CP不变性,而且,还有可能出现对平衡态的严重偏离——出现一支我们需要的那种时间之箭。正如我们已经看到的,希格斯场现在决定着大多数基本粒子的质量。但希格斯机制在宇宙高热时期是不起作用的,在足够高热的情况下,希格斯粒子是在光子、夸克、轻子和其他粒子的碰撞中源源不断生成的。在那样的高温下,W粒子、Z^0粒子、夸克和轻子都是没有质量的。希格斯机制在宇宙温度冷却到10^{16}开以下,即大爆炸10^{-11}秒之后,才开始启动。当希格斯机制开启后,基本粒子也开始获得质量。零质量与非零质量的转变可以是突然的,而这个质量开启过程则确立了一支时间之箭。然而,像在CERN发现的那么重的希格斯粒子,这种开启过程是非常缓慢的,不能呈现有意义的时间方向。所以萨哈罗夫的第三个条件不能得到满足。

标准模型顶多只有在另一种宇宙——它的希格斯粒子远轻于我们宇宙的——中才能为物质-反物质不对称负责。不过,在完全抛弃它之前,我们来看看萨哈罗夫的第二个条件:重子数的破坏。标准模型的成功之一是它具有保持重子数不变的对称性。这不需要我们强加给模型,而是模型自动满足的,而且毫不含糊。我们将看到,对大多数超越标准模型的物理建议来说,却不是这样的。现在来看,假如质子是放射性的,具有很长的寿命,它至少必须长过大爆炸以来所经历的时间,否则我们就不会在这儿了。所以,这是标准模型的一个胜利。

然而,故事还没完呢。特霍夫特发现(他对我们认识弱相互作用发挥过举足轻重的作用),存在一些微妙的量子力学效应,质子可以通过它们在标准模型下发生衰变。由于这些效应他可以计算质子的寿命。结果证明那是一个难以想象的漫长时间。那时间有多长呢? 至少从大爆炸或第一秒算起,在整个宇宙的历史上,单个质子以这种方式衰变的概率就像你连续20次赢得国家彩票大奖的概率。但也有人意识到,这些效应会随温度升高而变得越发显著,重子数破坏在极早期宇宙将快速发生。因此,标准模型本身的真正阻碍是双重的。首先是,正如我们已经看到的,希格斯粒子的巨大质量;其次是没有足够的CP破坏以生成观察到的非对称。

大统一

大统一的纲领为探究质子稳定性和物质–反物质不对称产物的问题,提供了第一个令人信服的框架。这个想法最初是格拉肖(我们在弱相互作用的故事里遇到过他)和同在哈佛大学的乔吉(Howard Georgi)提出的。虽然标准模型作为理论结构是十分成功的(早在1974年人们就有充分理由相信理论是在正确轨道上),但它显得相当笨拙。理论出现了3种类型的杨-米尔斯相互作用——强、弱和电磁相互作用各一个,这看来是完全没有必要的复杂特征。乔吉和格拉肖问,这个结构是否可以从一个更大的规范相互作用衍生出来? 这里需要的是一个更大的对称性。他们梳理了一本本数学书,发现了能包容这三者的最简单对象,在这个结构基础上构建了一个粒子物理模型。在他们的图景中,在极端高能下,自然将呈现高度的对称性。它不仅有标准模型的12个规范玻色子(光子、8种胶子、W和Z玻色子),还有另外12个极重的规范玻色子。对称性的破缺和额外规范玻色子的巨大质量将通过适当的希格斯机制生成。这些额外的规范玻色子将携带电荷(与W一样)和颜色。结果,它们的相互作用将夸克转化为轻子——打破重子(和轻子)数守恒。它们将导致质子精确地以上面描述的方式发生衰变。

下一个问题是:预言的质子的半衰期是多少?这以非常敏感的方式依赖于重规范玻色子的质量。如果质量增大10倍,寿命将增大10 000倍。

这些额外规范玻色子需要是极重的。如果知道强、弱和电磁相互作用的强度,我们就能计算这些玻色子的质量。乔吉、奎因(Helen Quinn)和温伯格首先进行了计算。他们发现质量必须是质子质量的10^{14}倍。相应地,我们可以计算质子的寿命,大约是10^{27}年。这也是一个有趣的数字。在100千克的水中,大约有10^{29}个质子。所以,如果你能观察一年,就可能看到大约100个质子衰变了。如果我们有50 000千克水(一般的泳池),就有望在每小时看到几个质子衰变!

物理学家很快提出了这种实验计划。为了保证成功,这些实验像中微子实验一样都在地下深部进行,以消减宇宙线对实验背景的影响。除了考虑少量穿过地表进来的宇宙线,还必须顾虑自然放射性导致的伪事件。第一批实验坐落在明尼苏达州的苏丹旧铁矿下,在2300英尺的地下运行。没发现质子衰变。

在那以后,质子衰变率的预言变得越来越精细,当前的估计在10^{31}年和10^{33}年之间。更近的实验,最受关注的如日本的超级神冈探测器实验,位于3300英尺的地下,现在已经达到了这个灵敏度,并排除了很多理论。*

我们应该为整个过程起一个名字。物理学家把宇宙的重子不对称的产生称作**重子生成**过程,即重子数的生成。大统一为这种现象的思考提供了第一个良好的动机背景。像萨哈罗夫的3个条件的情形一

---

* 这部分是因为标准模型相互作用强度的测量更好了,部分是因为相互作用的统一在超对称理论中比在没有超对称的理论中运行得更好。

样,我们看到大统一理论预言了重子数的破坏。这些理论的构建就是为了包容CP破坏,因为它们需要对标准模型观测到的CP破坏进行解释。于是,有两个条件是自动满足的。那第三个条件,时间之箭或平衡态的偏离呢?

宇宙膨胀呈现了一支时间之箭;宇宙随时间流逝而增长和冷却。但这需要与更微观尺度上发生的大统一理论的粒子事件联系起来。对大统一的重子生成过程,关键角色是那些极重的规范玻色子,通常叫X和Y。正是它们的相互作用才打破了重子数守恒。因为这些粒子太重,它们的行为关系着时间之箭。X和Y粒子是**非常**不稳定的,半衰期为10^{-40}秒量级,所以它们几乎是形成即衰变。当宇宙**极端**高热时,促使典型粒子的能量高于X和Y粒子的mc^2,产生这些玻色子的反应将频繁发生,然后它们被衰变物所取代。但当温度降低时,反应会停止,超重的玻色子将衰变并消失。如果认识了这些细节,我们就能得到与观测结果相当的重子不对称。

重子生成的其他设定

大统一重子生成很可能是对的。但也存在一些怀疑的理由。首先,我们还没有大统一理论的确凿证据——质子衰变。其次,有理由怀疑宇宙是否足够高热而有那么多X和Y玻色子。我们将在第十二章遇到的暴胀理论是大爆炸后第一秒以下瞬间的宇宙的成功模型,它认为宇宙在极短的时间内经历了快速的膨胀。在暴胀的终点,宇宙时钟重启,这时候的宇宙实际上不大可能有足够的高热生成X和Y玻色子。

也有其他可能性。其中一个令人惊奇的是关联着中微子的质量。我们说过,标准模型除了保持重子数不变,还保持轻子数不变。但中微子质量几乎肯定破坏了轻子数。在极早期宇宙,轻子数的破坏可能是非常重要的。它会导致生成净轻子数。特霍夫特发现的破坏重子数的效应也可以将轻子转化为重子。所以这是另一种可能生成重子数的方式。这一系列思想叫**轻子生成**。轻子生成过程特别有趣,因为在接下来的10年里我们将从中微子的实验研究获得直接的关联信息。首先,我们可能幸运地得到轻子数破坏如何产生的证据。其次,我们可能在中微子中测量CP破坏。为了确定重子确实以这种方式生成,这些只是我们必须知道的一部分,但它们将提供某种间接的证据。

还有另外一种可能。轻子生成和大统一重子生成我都有过研究,但我个人更偏爱另一种。我乐意讲讲其中的故事。当新生来我办公室,想从事理论物理研究时,我觉得有义务劝阻一下,哪怕一点点。我解释,这个领域竞争太激烈,他们在大学或国立实验室找到职位的概率不是太高。但我也会解释,即使他们找到工作了,他们为领域作出重大贡献的机会也不会太高。我常说:"你能成为科学史的脚注就很幸运了。"有时我会骄傲地指着萨哈罗夫回忆的一个脚注,其中提到了我和阿弗莱克(Ian Affleck,后来成为不列颠哥伦比亚大学的著名凝聚态物理学家)提出的一个机制。我们的想法依赖于自然的一种可能的新对称性,叫**超对称**(我们后面会遇到)。目前,这个机制最显著的特征是它极其有效,经常会生成**过多**的重子。

于是,关于物质与反物质之间的不对称的起源,物理学家有几种合理的想法。你应该问的问题是:我们会知道其中的(随便)哪个是正确解释吗?现在我还不能说有任何通过仰望天空来检验这些思想的方法。证据很可能是间接的。对大统一重子生成,它可能来自质子衰变。对轻子生成,它可能来自中微子及其性质的进一步研究。对阿弗莱克和我(Dine)的重子生成,它应该来自超对称的发现。希望时间能明确告诉我们为什么世界是有而不是无。

第九章

"大数问题"

我们在生活中经常遇到大数。在政治圈,我们说政府预算数字,如美国政府预算大约为5万亿(即5×10^{12})美元。这是一个非常大的数字。假如你坐下来数5万亿1美元的钞票,每秒数一张,不吃不睡不停地数,大概要数10 000年。地球人口数(约60亿*)和每天互联网的搜索数(几乎也是60亿,大约每人一次),也都是大数。

在大自然,也有很多大数,分别在10的幂次的两端,极端大的和极端小的。可观测宇宙大约跨越130亿光年,这是一个大数,对应于宇宙大爆炸以来经历的漫长时间。相应的宇宙体积也是大数,特别是相对于我们知道的一些大自然的小东西而言。例如,在那个体积内,我们可以放置大约10^{100}[叫1古戈尔(googol)**]个中子。一个人通常由5×10^{25}个原子组成,一颗普通恒星有大约10^{55}个原子。我们在上一章看到的宇宙物质总量表征为一个非常小的数字,约10^{-10}(即100亿分之一)。我们自身的存在就取决于这样的一些数字。从我们来观察,宇宙年龄不可能大于或小于它的现在(以数量级论)。星系和恒星至少要在大爆炸后

* 2022年11月15日,联合国宣布世界人口达到80亿。——译者

** 那个著名的网络搜索巨无霸的名字,据说就是这个数学名词的误写,它最先是数学家卡斯纳(Edward Kasner)的小侄儿推出的,古戈尔早期从事各种可能的爱因斯坦理论的宇宙学研究。开创这些公司的网虫们也常说一个更大的数字,*googolplex*,是10的古戈尔次幂。

10亿年才可能形成,更别说人了;我们已经看到,产生我们所需要的重元素不可能出现在第一代恒星。宇宙不可能比今天更老,否则不会形成生命。

其中有些数字关联着出现在自然定律中的一些相当疯狂的数字。形成恒星的时间涉及我们还不太了解但决定着极早期宇宙历史的定律。另一方面,恒星的大小则是我们可以认识的东西。恒星源自将物质聚在一起的引力与将物质分离的原子(其实是电离的原子即原子核和电子)作用力之间的平衡。在太阳中,质子和电子就是彼此分离的,就像它们在原子中分离一样。在原子中,质子和电子间的电力大约比引力强10^{43}(1000亿亿亿亿亿)倍。太阳体积约为原子体积的10^{56}倍。于是我们可以猜想,尽管这些大数并不相同,它们之间或许存在某种关联。确实存在。如果引力比我们观察的弱,恒星会更大;如果引力更强,则恒星会更小。

或许自然常数随时间变化?

狄拉克在量子理论的建立中扮演过重要角色,还预言了反物质的存在,或许也是他第一个注意到那些大数有多么令人困惑;他称其为"大数问题"。虽然我们为一些数那么大而另一些数那么小感到恼火,但我们也能像思考大数那样去思考小数,只需要取它们的倒数。所以我们可将这些数归并在一起来考虑。

狄拉克猜想有些大数和宇宙年龄相关。例如,引力强度可能随时间越变越弱。宇宙现在的年龄大约是它的温度刚适合夸克形成核时的10^{38}倍。因此,那时质子间的引力大约与电力和核力的强度相当,然后它在后来的时间里变弱,弱化的因子大概等于宇宙老化的倍数。

我们有很多证据反驳这种解释。首先,我们有很好的观测证据证明,宇宙处于非常高热——宇宙大约100 000年时的重组温度或大爆炸

3分钟后的核合成温度——时,引力具有的强度与它今天的强度是一样的。而且,假如狄拉克的解释是对的,那么其他力的强度也将随时间发生变化。但我们也有证据表明事实不是那样的。一个令人震惊又激动的证据牵涉**地球**历史的一个古老事件。20世纪中叶,一家法国公司控制着加蓬的一个铀矿(奥克洛铀矿)。因为铀既可制造武器,也可产生能源,这家矿产公司被要求说明它开采了多少铀235。1972年,公司报告说储量比正常情况略低。考虑到矿可能被转移或偷采,法国原子能委员会(CEA)对此展开了调查,很快确定了铀矿确实出现过缺损,那是因为在大约18亿年前,铀矿藏发生过天然核反应。

戴森(我们在量子电动力学的讨论中提到过他)意识到,尽管奥克洛现象本身就很诱人,但它还能用来确定物理学定律的一些数字在17亿年前是否与今天相同。核物理学家可以非常精确地计算这些反应的细节,从而确定了在这个漫长的时期里,只有几个自然常数至多发生过极其微小的变化。因此,狄拉克的常数变化的思想(尽管令人激动)在很大程度上被排除了。

大数的其他解释

出现在自然定律里的常数中还有几个极其巨大的纯数。电子质量比顶夸克质量的十万分之一(10^{-5})还小,我们对此没有好的解释。但更极端的是引力的强度。普朗克在提出他的量子假说后不久,就意识到牛顿的引力定律可以转换到质量或(通过 $E = mc^2$)能量。更准确些说,我们在这里考虑原子中电子与质子之间的静电相互作用与引力相互作用的相对强度。如果我们用更重的粒子替代电子和质子,引力作用将强大得多。普朗克发现,假如一对粒子携带一定的标准电荷而质量是质子的 10^{19} 倍,则这对粒子的引力与电力将是同等量级的。这个巨大的质量叫**普朗克质量**。它与我们所知的任何基本粒子相比,都是大质量;

但这仍然不够大,这样的粒子拿在手里还是感觉不出它的重量。但你可以感觉出1000个这样的粒子的重量。

思考引力的这种方式可以用来思考狄拉克的大数问题。这个问题是:为什么普朗克质量比质子质量大10^{19}倍?或比W粒子、Z粒子或是希格斯粒子的质量大10^{17}倍?这些都是疯狂的大数。

实际上,从我们对强力的理解来看,第一个数字一点也不奇怪。这可以追溯到这样一个事实:质子虽然很小,其尺寸却是直接源自理论。根据不确定性原理,质子的大小是与其质量相关的。*

但希格斯质量(它则是与W和Z粒子的质量有关)就更难了。问题是在标准模型中希格斯粒子是真正的一个点,是无限小的。相应地,不确定性原理告诉我们根本不可能知道它的速度,也就不知道其能量。它有时表现为能量为零,有时能量巨大。我们所观察到的将是二者的平均,是一个无穷大的东西。

我们可以用更精确的方法来计算量子力学对希格斯粒子质量的影响,然而正如不确定性原理所证明的那样,我们只得到一个毫无意义的结果。如果假定希格斯粒子其实有一定大小,有某种结构,我们可以得到更合理的东西。于是,希格斯粒子越小,其质量的量子修正就越大。如果质量修正不大于质量本身,希格斯粒子的尺寸将小于质子的千分之一。

狄拉克大数问题的这个特殊例子——希格斯质量远小于普朗克质量——叫层级问题,有时也叫自然性问题。我第一次听说这个问题是在读研究生时听萨斯坎德的一个讲座。萨斯坎德在讲座中将这个提法归给肯·威尔逊(我们在讨论核力时遇到过他),但威尔逊其实从来没有

---

* 在强相互作用理论中,质子质量与普朗克质量之比由一个公式决定:质子质量乘以QCD的一个特征数决定的指数式衰减小数,它通过一个QCD特征数表征相互作用强度,当距离在10^{-32}厘米量级之内时,它表征两个夸克间的力的强度。

认真考虑过这个问题。温伯格倒是真的思考过萨斯坎德提出的那些问题的类似的可能解决方法。萨斯坎德是以一种特别令人恼火的方式提出这个问题的。他指出，虽然希格斯粒子的质量随粒子尺寸变小而增大，我们可以通过仔细调节理论特征来补偿——粒子越小，调节越精细。如果粒子就是普朗克公式建议的大小（约 10^{-32} 厘米），那么我们就得让两个数相互抵消——不是小数点后一位两位或三位，而是在全部34位上抵消。虽然我不想写太多的公式，但这里还是写一个假想的公式，只是为了用来说明这是多么荒诞的事情。人们需要希格斯的质量等于两个非常接近的数字之差，就像

5 378 443 281 965 748 315 889 724 792 162 335 814

– 5 378 443 281 965 748 315 889 724 792 162 335 262。

萨斯坎德称这是一个微调问题。

我记得当时我是完全惊呆了。我想象是某个全能的存在如此小心翼翼地调节刻度才生成了我们的这个世界。这看起来是很荒谬的。萨斯坎德提升了（物理学家）群体对这个问题的认知。他拿出了一个解决办法。也许希格斯粒子就像质子。它是被某个力（类似于将夸克束缚在原子核内的"色"力）约束在一起的粒子束缚态，他称那个力为"技色"［如果你还不到一定的年纪，可能不知道"技色"原来指的是早期彩色电影的一种制作过程。萨斯坎德投稿的那家刊物——《物理学评论》（*Physical Review*），坚持要他改标题以避免商标侵权］。犹如胶子将夸克束缚，类似的是一些"技胶子"将"技夸克"束缚在一起。这些有限大小的束缚体和质子一样，消除了微调（或自然性）问题。

这个想法很妙，很多人（包括我自己）都费了很大气力去看它能否成功，会给实验预言什么。不幸的是，很快发现很难构造与夸克和轻子实验事实一致的模型。不过，这个想法依然很诱人，这些年又以略微不同的形式复活了，名叫"小希格斯"和"弯曲额外维"［兰德尔（Lisa Randall）

2005 年畅销书《弯曲旅行》(*Warped Passages*)的主题]。在 LHC 和 CERN,人们正在努力寻找这些现象的证据,目前还没有正结果。

回到希格斯质量问题,你可能会问:标准模型的其他粒子又如何呢? 它们也是点吗? 它们不会遇到与希格斯粒子一样的问题吗? 答案既是肯定的也是否定的。萨斯坎德在讲座中回答了这个问题。例如,对电子而言,由于一般的原理,为保持小质量而需要抵消的项是自动产生的。这可以归因于理论具有反抗质量的对称性的事实。

实际上,在量子力学之初,物理学家就问过同样的问题,答案不是很明显。在费曼等人发展思考电磁的量子理论的有效技术以前,泡利(Wolfgang Pauli)将问题交给学生韦斯科普夫(Victor Weisskopf),让他计算这些对电子质量的贡献。韦斯科普夫先进行了计算,得到一个巨大的结果。但另一个学生指出了他的一个错误:未适当考虑不确定性原理带来的贡献,即电子可以在很短的时间间隔内呈现为一对电子和正电子。对电子质量的这部分额外贡献将抵消其他贡献,留下的量子修正只是原先电子质量的很小一部分。最后人们认识到,这种抵消是一种基本对称性的结果,类似于我们谈强相互作用时所说的那种手征对称性。韦斯科普夫继续着他卓越的理论物理生涯,对核物理作出了巨大贡献,最后成为 CERN 主任。但他的错误——实际上既重大而又颇具启发——纠缠着他的整个生涯,影响了他对要攻克的问题的选择。

最后,标准模型中只有希格斯粒子容易遭遇层级问题。特霍夫特在考察问题状态后将它提升为所谓的"自然性"原理。他指出,任何自然理论都应该是"自然的",也就是说其中的巨大纯数应该通过对称性来解释。技色具有这种特征,但至少在没有那么多丑陋的曲解情况下,它未能与实验达成一致,

很多理论家和实验家现在都转到了另一个方向。

超对称的美妙数学的诱惑

萨斯坎德的技色思想虽然灵巧,但基本上是我们已经熟悉的物理的翻版。也许还需要添加一点崭新的东西,也许还需要一种新的数学。对我们很多人来说,数学很可怕。它也可能显得很丑,又难又没人情味,在我们日常生活中几乎用不着。但也有些人乐于享受数学的挑战并发现它的美好。数学家和喜欢数学的人们常将数学作为与人无关的绝对真理的追求。物理学和数学有着复杂的联系。至少从牛顿以来它们就相互促进。微积分为理解牛顿定律提供了有力的工具,同时定律的追求也助力微积分发展成为一个重要的数学分支。在物理学家特别是理论物理学家中,有逃避复杂数学的,觉得它妨碍了他们对实验结果的理解;也有喜欢数学的,而且对数学形式美的看重超过问题本身的科学意义。

我曾涉足两个阵营。我想认识现象——在最小和最大的距离尺度上。在探究感兴趣的问题的途中,我视数学——特别是当代数学——为一个非常困难然而有时却大有帮助的工具。不过我得承认,我偶尔也会被美妙的数学诱惑,有时则完全是因为它把我引向了有趣的物理。

当我想跨越这两种观点时,当今理论物理学领域有时却呈现两个截然不同的阵营,不能很好地和谐共处。从历史来看,也许它们能达到一种平衡是最好的。爱因斯坦在他追寻广义相对论时就曾因为不了解重要的数学发展而受阻。当时最伟大的数学家之一希尔伯特虽掌握了数学工具却缺乏物理洞察。最后,在爱因斯坦影响下,物理学家学会了大量数学,而广义相对论也给数学世界注入了新思想。

在接下来的世纪里,理论家们汲取了众多数学分支的营养,有时还发展出新的分支。我们所知的超对称就是既引导了美妙的数学,还引领了宏大的实验计划。驱动人们对实验感兴趣的是超对称有可能在解决层级问题中发挥作用。至于理论方面,兴趣的产生首先部分是因为新数学的结构,部分是因为超对称有望与引力的量子理论发生联系。多年过去了,超对称的数学呈现了极其丰富的内容,为纯数学和我们对物理理论的理解带来了新的认识。然而,在实验方面,尽管理论作出了很多惊人的预言,整个故事到目前为止还是令人失望的。

超对称及与之相关的超弦理论,多年来一直是一些物理学家的攻击对象,他们担心这个领域的方向过于数学化了。我希望讲清楚为什么自然可能存在这种额外的对称是令人信服的,是什么让弦理论变得那么引人入胜。同时,在两种情形我们都将看到,当前的思想可能还不完备,而且很可能是错的。

有了特霍夫特的自然性原理,我们一些人从1980年代起就在寻求用最近发现的新型对称即超对称的方法来解决层级问题的可能性,意识到它也许有能力以特霍夫特设定的方式解决层级问题。超对称是一种奇异的对称类型,那时人们对它相当陌生。我们已经说过同位旋对称及其在盖尔曼手头的推广。这些对称都关联着不同类型的夸克。超对称是一种假想对称,假如它在自然发生作用,则在某些方面与同位旋相似,而在有些方面又与它不同。它将我们熟悉的每种粒子——夸克、轻子、光子、胶子,等等——都关联一种新的尚未发现的粒子。令人惊奇的是,每个粒子的伙伴都将带着不同的自旋。因此,举例来说,电子将伴随一个没有自旋(如希格斯粒子)但有相同电荷的粒子,叫超电子。光子将伴随一个自旋与电子的自旋类似但没有电荷的粒子,叫光微子(名字类似于中微子)。夸克将伴随无自旋的超夸克,等等。

假如超对称是精确的,每个粒子将与其超伙伴具有精确相同的质量。因此,举例来说,电子具有和超电子相同的质量。但这是不可能的。如果真是那样的话,我们应该发现原子的电子被超电子所取代,质子和中子也被它们的超伙伴取代。这些都是十分怪异的,因为零自旋粒子不服从不相容原理。结果,我们将有一个异类的周期表。所以,如果超对称是自然的一种对称形式,它一定是破缺的对称。实际上,它必须破缺得很烂。这可能正是我们解决层级问题所需要的。我们对希格斯玻色子的主要抱怨是它的质量应该**非常**大,因为在我们减小它的质量时标准模型没有变得更对称。对电子而言,如果有超对称,对希格斯质量将有不同的贡献;如果有精确的不破缺的超对称,则其贡献相互抵消,希格斯粒子不会增加质量。如果对称是破缺的,已知粒子的伙伴将有不同的质量,不大会发生质量的抵消,但对伙伴质量的修正要小于它们本来的质量。从我们前面描述的微调的观点看,这个论证给出一个预言:超伙伴的质量应该在Z粒子质量与大约10倍其质量或大约1000倍质子质量之间。我们的理论还不够精确,也不够令人信服,不足以预言这些粒子的质量应该是多少,但自然性原理令我们强烈地感到将在LHC发现这些粒子。在描述实验寻找的东西和结果之前,我们有必要注意超对称假设的其他两个特征。

　　超对称假设除了预言这许多的新粒子和具有潜在解决层级问题的能力,还作出了两个更惊人的预言。大多数新粒子是极端放射性的,它们将在极其短暂的半衰期(典型尺度是亿亿亿分之一秒)内衰变为更寻常的粒子。这样的衰变太快了,即使以光速运动,它们从加速器产生出来也只能经过万亿分之一厘米——换句话说,它们几乎跑不出加速器中产生它们的那一点。但这些粒子肯定有一个是不同的,它必须比其他所有粒子都轻,必须是稳定的。*它必须不带电荷,实际上也应该几乎不与其他粒子发生相互作用(就像中微子一样)。这个格外稳定的粒子就是所谓的"最轻超对称粒子",简称LSP。

----

　　* 也有些情形不存在稳定粒子,但这些粒子很可能不容于各种实验结果,而且一般也不符合已知的事实。

这个理论还有第二个预言。强力、弱力和电磁力的强度由 3 个数控制,它们叫耦合常数或简称耦合。这些数是相互独立的;它们属于那种列在课本后面的数字,同学们——以及我们多数人——很少对之追问多少问题。但如果我们假定这些力在非常短的距离或高能尺度下是沿乔吉和格拉肖提出的路线统一的,那么知道了电磁耦合和弱耦合,就能预言强力的强度。有没有超对称假设,人们得到的结果是迥然不同的。事实上,最初考虑以超对称解决大数问题时,耦合还没有很好地测量,超对称形式下的计算还不符合实验。随着大型电子-正电子对撞机(LEP,LHC 的前驱)的更精确测量,情况才发生转变,计算结果惊人的一致,而且一直保持到现在。

两个关键问题是:产生这些粒子的加速器需要多大能量? 这些粒子如何呈现出来? 第一个问题,需要多大能量的问题,直接联系着这些新粒子的质量(通过 $E = mc^2$)。我们对这些粒子的质量有粗略的认识。如果我们相信超对称弱化或消除了与希格斯相关的层级问题,这些粒子的质量应该不会与希格斯粒子本身的质量相差太远。也许我们能以某种方式认同一个数量级的差别。当其他粒子衰变时,其碎屑(衰变产物)总包含一个稳定的 LSP。因为 LSP 很像中微子,实验几乎永远不会看见它们。因此,它们正好穿过机器的壁垒,带着能量飞走了。于是,超对称粒子留下一张与众不同的名片:一些寻常粒子的产物和大量的能量缺失。这其实是一个非常明显的实验信号,自从超对称假设提出以来,实验不断在越来越高的能量水平上搜寻这些粒子。我们前面还说过暗物质,这种新的稳定的粒子似乎就是一个很好的——甚至可以说是理想的——暗物质角色的候选者。

如果超对称解决了层级问题,这些粒子的质量将恰到好处,它们几乎肯定能在 LHC 看到。因为不知道这些新粒子的质量究竟是多少,我们有必要尽可能不带偏见地去寻找它们。不过,在给定质量下,我们可以计算在质子碰撞中能产生多少超对称粒子、它们将如何衰变。迄今为止，LHC实验还没有看到超对称的线索，因此它们排除了这些粒子的某些质量。物理学家喜欢称这些为"超对称排斥"。对超对称支持者来说，这些质量的极限正变得非常令人不舒服。多数人（包括我本人）都期待如果超对称存在，至今也该看到一些东西了。

在层级问题的认识上也没有其他更好的思想了。也许新现象的线索就在某个角落，也许我们关于自然性和层级的想法本来就是错的。LHC项目还有很长的路，产生更强的粒子束和更高的能量。我们拭目以待吧。

另一方面，对理论家来说，超对称已然成为一个新型的矿藏。它让他们理解了用其他方式难以理解的量子场论的问题。超对称理论还具有特殊的数学性质，因而特别容易分析。如果我们有人想理解对称性（如标准模型里的手征对称性）能以什么方式发生破缺，就可以实现这一点。威滕开辟了处理这个问题的途径。阿弗莱克、塞伯格和我解决了这个问题。在解决的过程中，我们发现铅笔加稿纸就可能解决这些场论问题，顶多在普通理论中用超级计算机就可以了。塞伯格和威滕走得更远，例如认识了有些理论中的夸克禁闭机制。他们的工作产生了巨大影响——两人的论文引用超过了几千次。超对称依然是一个特别强有力的工具，能帮助我们回答一个基本问题：大自然可能呈现的新定律——我忍不住要说是基本定律——是由什么形成的。*

虽然来自LHC的结果意味着可能解决层级问题的物理还遥不可及，但有一个实验疑难可能说明了在某个角落里**确实存在**一些新现象。我们在讨论QED时说过电子磁矩的测量值与理论预言之间令人难以置

＊ 塞伯格因这些领域的工作获得麦克阿瑟奖、科学突破奖和其他奖项。威滕已经获得过麦克阿瑟奖和菲尔兹奖，最近又获科学突破奖和美国物理学会的杰出研究成就奖。

信的一致。对于μ子，人们可以提出同样的问题——不论实验上还是理论上。这里出现了些许偏差。测量结果和理论结果已知都在相似水平上，数字的一致大约达到$1/10^{11}$，也是好得出奇。但布鲁克海文国家实验室2000年的一个高灵敏实验确认，在小数点最后一位总是存在持续的偏差。这个数字吸引了很多人的关注。这个偏差**也许**可以通过某些预期的超对称新粒子和其他解决层级问题的新方法来解释。结果太激动人心了，惹得芝加哥附近的费米实验室的物理学家们利用实验室的设备优势提出了一个更灵敏的产生μ子的实验。整个布鲁克海文的设备都通过陆路和水路搬迁到伊利诺伊来更新换代，然后开始运行实验。在我快写完本书时，实验结果宣布了。实际上，考虑到人类的潜在偏见对导致这个数字的分析的影响，这些都是"盲"数据。换句话说，研究这些数据的人不可能准确告诉你他们提取了什么数据。当最后的数字出来时，它与布鲁克海文的测量结果符合得很好，而与理论预言的偏差就更难摆脱了。我个人希望这可能代表新的激动人心的物理，但我也够保守了，还费工夫去评估标准模型计算的可能局限。我不指望实验结果会改变。其实，实验和理论在这个问题上已经尽力了。不论实验还是理论，都不肯轻易放过如此微小的偏差，由此展现的科学诚信高度，着实令我感到敬畏。

第十章

宇宙是什么构成的

　　我很崇拜天文学家,在加州大学圣克鲁斯分校工作的一大乐趣就是有机会与他们的一个杰出群体成为朋友。我的同事桑德拉·费伯(Sandra Faber)是其中最有名的人之一,她除了很多发现外,还是1993年拯救哈勃空间望远镜的主要推动者,2013年被奥巴马(Barak Obama)总统授予国家科学奖章。我第一次刚到圣克鲁斯不久,桑迪(Sandy)和我作为家属(桑迪的丈夫是律师)参加了圣何塞的一个华丽晚宴。晚会的管理者显然有些不知所措,便想着让大家坐在一起,我得说这是一个美好的夜晚。我们畅谈科学,比较物理学和天文学两个领域的异同。我清楚记得桑迪说天文学生涯的奖赏就是能反复问一个从孩提到长大一直都在问的问题,只不过问得越来越细。我们住的地方相隔不远,那些年桑迪和我有时还一起拼车。桑迪极其敏锐,任何时候都能立刻洞穿问题核心,而我常常很被动,问些傻问题——诸如那有什么意思?你为什么做它?你为什么有兴趣招谁和谁?不过她也是重要的后援,有年夏天还为一个高中学生项目做过我小女儿的研究导师。

　　我们小时候爱问的一个问题是:宇宙是什么构成的?科学家直到1930年代才认识了我们周围物质的基本组成材料是原子,而原子由质子、中子和电子组成。我们从这些组成认识了像恒星那样的相对大质量的物体。我们自然假定这些粒子完美解释了存在的一切事物。然而不是这样的——宇宙的大多数物质以另一种形式存在。那就是著名的**暗物质**。

天文学家能为他们可以通过望远镜看到的各种类型的事物分门别类：多数是恒星和他们所说的尘埃（基本是氢原子气体），远在银河系数十亿光年之外。所有这些加在一起，就得到宇宙**重量**的概念（答案大约是 10^{52} 千克或磅，这两个单位在这里没多大差别），这相当于 10^{78} 个原子的质量。

但空间里还有不能直接通过望远镜看见的物体。近年来，最惊人的一个科学发现是太阳系外的行星。对我们多数人来说，存在这些行星也许算不得什么大惊奇。凭什么我们太阳系就该是这么独一无二的呢？自有科幻小说体裁以来，其他行星（或许连同它的智慧生命）就是它的一个主题。但天文学家怎么可能发现这些天体呢？它们不像恒星发自己的光，而是至多反射来自它们附近的太阳的光。迄今发现的最近的这些行星叫比邻星b，距离地球约4光年。它的光在旅行的时间内已经扩散到巨大的面积，到达地球的光还不足几光年外的恒星光的十亿分之一。这是无法直接探测的。

实际上，探测这些行星的策略是看它们对其环绕的恒星的效应——通过这个办法迄今已经发现了近4000颗行星。天文学家用灵敏仪器探寻那些恒星运动的摇摆，然后运用牛顿定律计算确定相关行星有多大的质量。不奇怪，在第一批发现中包含木星尺度的大行星，因为它们对其星体伙伴具有最强的引力作用，但最近的发现也有地球大小的行星。如果还有什么疑问的话，那就是我们已经知道行星是常见的，而我们最终将认识有多少适宜生命的行星。

我和大家一样，特别好奇宇宙其他地方是否有可能存在智慧生命，离我们最近的伙伴大概有多远。但就这里的目标来说，发现太阳系外行星说明我们可以通过观察恒星和星系的运动来间接寻找质量，并利用牛顿定律推测有多少物质作用在它们身上。对星系那样的巨大天体，这类研究很早就开始了。引领这类观测的先驱天文学家是茨维基（Fritz Zwicky）。他 1898 年出生于保加利亚，在瑞士接受教育，1925 年移居美国，在加州理工学院度过了大半生的天文学家生涯。他在中子星和超新星发现中发挥了重要作用，还研究并编目了星系。他以脾气暴躁出名，却是乐善好施的人道主义者。

1930 年代，茨维基研究了后发星系团里的恒星运动，那是 1000 个星系的集团，距离地球 3.2 亿光年。星系团本身包含大约 100 万亿颗恒星。他发现可见恒星不能解释其快速运动。只靠它们自身的引力不足以维持它们不至分裂。他假定，星系团中必然存在比望远镜看到的更多的物质，他称之为暗物质。这个结果虽然有趣，但长期以来一直存在怀疑，而且人们也不清楚后发星系团的这个特征是否典型。实际上，茨维基严重低估了星系团的正常物质总量，从而高估了暗物质的总量。

直到 1970 年代末，通过鲁宾（Vera Rubin）和她的合作者肯特·福特（Kent Ford）的工作，才发现暗物质是星系典型特征的令人信服的证据。生于 1928 年的鲁宾，作为一个女性科学工作者，遭遇了性别歧视年代的很多挑战。我们在前面提到的内塔·巴考尔是鲁宾在普林斯顿的同事。她讲过几个故事。其中一个说系主任建议鲁宾，由他代表她在即将召开的一个会议上报告她的研究，尽管鲁宾也要到会。她回答说："没问题，还是我自己来吧。"很长时间她都因为是女性而不能使用帕洛玛山的天文台（曾有世界上最大的反射望远镜）。1960 年代末，她终于可以自己观测了，对只有男性休息室则泰然处之。她获得过很多荣誉，包括以她名字命名的一个大望远镜计划。她于 2016 年去世。在鲁宾的后辈中，我们可以数出很多杰出的学生，包括我的同事桑迪·费伯。

现在，暗物质证据不仅来自星系的恒星运动，也来自星系团的星系运动，而且还间接来自"引力透镜效应"，即来自恒星和星系的光在到地球的路上被质量弯曲了。我们从爱因斯坦理论知道,引力会改变光线(光子)的路径,就像它改变我们更熟悉的有质量物体的运动路线一样。天文学家通过研究恒星影像在到地球的途中被扭曲了多少,在地球和恒星之间发现了大量不可见物质的证据。暗物质的进一步证据则是来自宇宙元素丰度和宇宙微波背景辐射的研究。

我们有一定把握地知道,暗物质大约是寻常物质的5倍。"暗"的意思是,不管它是什么东西,都不会发光。但我们知道的更多——或更精确——我们知道我们不知道什么。我们可以自信地说这种物质不是什么暗星或数不清的行星;这些可能性都被专门的实验排除了。这个结论也得到了我们提到的间接观测的支持:(轻)元素的丰度和宇宙微波背景辐射的特征。那暗物质究竟是什么呢?几乎可以肯定它是一种新型的基本粒子。这种粒子必须有质量——这才可能成为暗物质;这种典型粒子在今天必须运动缓慢。但它不必带电荷,否则我们将实实在在地看见它。它会反射和发射光。实际上,它除了引力作用外,必然很难与普通物质发生相互作用。

超对称或许解释了暗物质?

超对称在粒子物理学家中激起那么多人的兴趣,其原因之一是它——几乎自动地——预言了暗物质的一个候选者。超对称模型需要大量新粒子,至少每个已知粒子要一个新粒子。正如前面说的,除了电子而外,我们还有**超电子**。对暗物质问题,我们感兴趣的是电中性的粒子。这些可能是光子的伙伴(**光微子**)、Z玻色子的伙伴(由于相当专业却依然怪异的原因,它们叫b子或w子)或中性希格斯粒子的如同电子带自旋的伙伴(**希格斯微子**)。或者,它们也可能是中微子的伙伴**超中微子**。这些无自旋粒子将是电中性的,与普通物质的相互作用相当微弱。但真正重要的是,在大多数自然实现超对称的假说中,这些粒子中最轻的一种,即**最轻超对称粒子**(LSP),是绝对稳定的;它根本没有放射性。所以,假如它们在早期宇宙产生,而且正好具有正确的数量,那么这些粒子中最轻的一种正充当着我们需要的暗物质角色。

更一般说,重暗物质的这类候选者被称为弱相互作用大质量粒子(WIMP),这个名词抓住了这样的基本概念:这些粒子通常远重于质子,但它们与其他类型粒子之间和它们彼此之间的相互作用却更加微弱;典型的相互作用像中微子的相互作用一样弱,甚至更弱。但真正值得关注的一点来了:在早期宇宙(不用玩弄什么基本模型),恰好产生了为解释观测的暗物质量所需要的粒子数量。

我们已经看到,在极早时期,宇宙是极端高热的。即使大爆炸100 000年后,温度也高达约10 000开。在更早时候,温度还更高。为方便起见,我们还是用10的幂次来考虑。当宇宙更年轻4个量级,即大爆炸后10年时,温度大约高2个量级(100倍),即1000万开。这时,原子相互剧烈碰撞,其所有电子都将脱离出来。宇宙由离子和电子的等离子体组成。更早时候——宇宙年轻20个量级(万亿倍)时,粒子的典型能量将是巨大的,约为质子mc^2的1000倍——即1个这样的粒子通常有足够能量产生1000个质子。这也大于WIMP的静止能量。结果,粒子的碰撞将不断产生WIMP。这些WIMP粒子反过来发生衰变,或与其他粒子一起湮灭,产生高能γ射线或其他粒子,数量相当于光子、电子或其他粒子。所以,在这种极端高热的等离子体中,存在大量的WIMP。

下一个问题是:随着时间流逝和宇宙冷却,会发生什么? 最终,夸克和轻子的碰撞没有足够能量产生WIMP。但是,尽管WIMP可以是稳定的,它们也可能与别的WIMP碰撞、湮灭并生成其他形式的能量。我们可以计算这些湮灭发生的频率。结果表明,多数WIMP都会湮灭,但剩余的小部分恰好可以很容易地生成解释暗物质所需要的粒子数量。在典型的模型中,这意味着每个WIMP大约对应着1000亿个普通粒子——夸克、胶子、电子、光子。(1000亿大略是整个地球历史上出生的人口数量。)我们怎么知道的呢？

探测WIMP

爱德华·威滕是近几十年来最杰出的理论物理学家,智慧超凡,聪明绝顶,而且勤奋自律。他不但在数学上比大多数人训练有素,还令人惊奇地专注于物理学中的简单的概念性问题。

我第一次遇见爱德华时,还是名本科生。那些日子,我正在学物理,也在考虑读研究生的事儿,主要是想理论物理方面的。我的一些老师很令我沮丧。记得有个老师告诉我说,"那个领域只有天才能成功。你应该在别的物理学领域找工作。"在我随父母访问辛辛那提时,他们提到一个老朋友,是辛辛那提大学的物理学家。他有个对理论物理感兴趣的儿子,刚去普林斯顿读研究生。我也许想去见见他？于是我们共进晚餐。晚餐结束时,我彻底郁闷了。那个学物理的同学虽是个快乐男孩,却比我聪明得多,也知道更多。显然,我的老师是对的。毕竟,如果我父母的随便一个学物理的朋友都那么聪明,那他们应该都是那样的吧。我最后才终于意识到,这位老兄,爱德华·威滕,很可能是那个领域里最聪明的那个人。或许有些可笑,我还是下定了读理论物理的决心。爱德华和他的妻子、物理学家基娅拉·纳皮(Chiara Nappi)同我成了好朋友。在我的生涯中,我曾一次次给他说起他觉得有趣的东西,多年来我们也有过几次愉快的合作。开始常常是他对我的提议或建议提出批评。有几次他把我半生不熟的建议拿去,然后炼成了宝石。我跟基娅拉在不同时期也合作过一些项目。

威滕有时被批评过于专注数学。首先应该指出,这在一定程度上是事实,他对纯数学的贡献是引人注目的。但爱德华也有了不起的物理洞察。1980年代初,他就常鼓动我和其他一些人思考暗物质问题,看它是什么,如何才能探测它。而我呢,那时正分心于其他问题,而且说实在的,可能因为我太懒,不想追这个问题。1984年,威滕和他的研究生古德曼(Mark W. Goodman)写了一篇关于实验探测WIMP的开创性论文。他们开始指出,如果这种粒子构成暗物质,它们就在我们周围,穿过我们、穿过地球和我们的实验室。它们穿过一块材料时,将与电子和原子核碰撞。这些碰撞有时就像保龄球碰乒乓球,因为WIMP太重了。WIMP很少偏转,但会以反冲核的形式留下一点能量。古德曼和威滕认识到,这点能量虽然很小,却有可能探测到——犹如压扁了的乒乓球。

古德曼和威滕的文章连同关于如何实施实验的系列文章,引领了全世界后来几十年为直接寻找暗物质而设计的实验。探测那些小能量残留的想法是颇具匠心的;在世界各国政府机构的资助下,探测器也从小原型发展到昂贵的大仪器。

直接探测实验面临着大量挑战。它们寻找的是小量的、稀有的能量残余。因此,从一开始就有必要将实验从宇宙线和背景辐射中屏蔽出来。所有实验都和我们前面说过的中微子实验一样,坐落在地下深部。其次,探测器需要优化到小能量的高灵敏度。不同实验用过不同的探测材料——如硅、锗和氙。硅是大家熟悉的——可以在泥沙中找到,是我们电子技术的基本材料。锗是硅的近亲,但更贵重。氙是惰性气体,可能还有人记得它的化学性质。它很稀有而且相当昂贵,却是这些研究的有力工具。

迄今为止,除了个别可能的例外,这些制造精良的实验尚未报告一例暗物质发现。我们确实知道,假如暗物质由WIMP组成,这些粒子将是出奇地沉重,而且与普通物质的相互作用远比预期的微弱。当前对暗物质最严格的一些限制是一种名叫CDMS(冷暗物质探寻)的探测器确定的。它的一个原型在斯坦福大学校园下运行,而实验在北明尼苏达的苏丹铁矿下面运行很多年了。CDMS和它的后继实验"超CDMS",

都采用由硅和锗制造的探测器,冷却到约几千分之一开的极端低温(这就是名字中"冷"的来源)。对超对称暗物质的支持者来说,没能有所发现是令人失望的。其他实验也得出类似结果。

然而,有个实验曾报告了一个可能信号。这个实验是位于意大利境内亚平宁山脉最高峰大萨索山下公路隧道里的探测器完成的。这是一家举世瞩目的实验室,由意大利政府创建,藏于1400米的岩石下。实验在山体挖出的大厅里进行,完全屏蔽了宇宙线。这个暗物质直接探测(DAMA)实验用碘化钠材料作为探测器,它不太在乎找到几个暗物质粒子,而更关心一年里不同时段的粒子生成的不同速率。这是因为,暗物质粒子的相互作用率与它们的速度成正比。在一年的不同时段,地球会进入或离开暗物质云。更准确地说,在宇宙尺度上,也就是宇宙看起来平淡无奇(均匀而且各向同性)的尺度上,暗物质平均说来是静止的。但地球在它的轨道上相对于暗物质云运动,因而探测器在一年的不同时段应该看到不同数量的粒子。

实验从1990年代开始运行,看到了粒子数的季节性变化。但结果存在很大争议,而且大萨索山隧道的另一个用氙进行的实验发现了相反的结果。很多理论家和实验家提出了协调这些实验的想法,但形势依然不定。多年过去了,协调DAMA结果与其他更灵敏实验的负结果,变得越来越困难了。

还有一种截然不同的暗物质搜寻策略,即所谓的**间接探测**。暗物质无处不在,然而主要聚集在星系附近而不是星系周围的空间。如果暗物质由WIMP组成,它们彼此将不断碰撞并湮灭,正如物质与反物质湮灭一样。这些碰撞将产生其他形式的能量,其中很多表现为γ射线光子,还有的将到达地球。我们可以希望地上或空间的适当探测器能探测到这类辐射。

对典型WIMP质量,这些光子的能量将比牙科X射线的能量高数亿倍。这些事件最可能发生的地方是我们自己星系中暗物质浓度最高的区域,大概预期是在银河系中心。天文学家和天体物理学家对星系中心附近的暗物质浓度有一定想法,但也存在很大的不确定性,因此对特定暗物质究竟能看到多少光子,我们只有粗略的估计。不过,对很多暗物质类型来说,还是有望看到大量的那种γ射线。

科学家建造了大量仪器,有能力探测来自太空的高能γ辐射。其中之一就是费米卫星,2008年从卡纳维拉尔角发射升空。费米卫星能以很高的精度测量太空光子的能量和方向。更早的卫星EGRET(高能γ射线实验望远镜)研究了太空的高能γ射线,但费米卫星能灵敏感知更大范围的能量,具有更强的能力去确定粒子的能量和起源方向。EGRET计划的一个重要部分就是研究γ射线的暴发,那是宇宙中最光亮的电磁事件。费米卫星继续着这些研究,但研究计划更为宏大。

γ射线暴的故事本身就很惊人。这些事件不仅是天体物理学家或天文学家发现的,美国国防部在冷战巅峰时期也发现了。1967年,美国发射了船帆座系列卫星,旨在寻找苏联破坏《禁止核试验条约》的可能证据。其中一颗卫星上的探测器观察到了高能γ射线暴。最初,他们害怕这是核攻击即将来临的信号,但这种疑虑很快消除了。反复的观察令人不久就认识到,卫星看到的信号源于以前未曾观察到的深空现象。人们靠EGRET卫星认识到这些事件包含着大量的能量爆发。然而要真正说清楚发生了什么,还需要费米卫星。

费米卫星的探测器十分敏感而多能,它能研究的不仅是γ射线暴,还包括其他多样的天体物理现象。它还有可能找寻暗物质。我得夸耀我的几个圣克鲁斯的同事,他们从项目启动时就起着关键作用。阿特伍德(Bill Atwood)和约翰逊(Robert Johnson)[与斯坦福的米切尔森(Peter Michelson)一起]研发了主要仪器。里茨(Steve Ritz)是NASA项目的科学指导,后来成为圣克鲁斯粒子物理研究所(SCIPP)所长。我的两位拼车伙伴萨德罗津斯基（Hartmut Sadrozinski）和沙尔克（Terry Schalk）则从一开始就扮演着主导角色。

费米卫星有很多发现。就暗物质而言，这些年来在数据中出现了一些令人好奇的反常，卫星观察到的γ射线信号与那些已知天体物理过程所预期的结果一致。世界的其他一些卫星也被征用来参与包括寻找暗物质的任务。其中之一称为AMS（阿尔法磁谱仪的简写），它寻找太空的正电子（反电子）。实验的主要研究者是基本粒子实验物理学家丁肇中，他曾领导过一个发现粲夸克的实验。AMS有很多目标，其中之一是确定宇宙的遥远部分是否可能由反物质而非物质组成；多数理论家并不认为这是一种可能的结果。AMS研究计划的另一个关键是寻找暗物质。正如暗物质湮灭生成光子对，它也会产生电子和正电子对。根据这个和其他实验，数据已经出现了一些**可能**与暗物质有关的小异常现象。人们常问的一个问题是，这些偏差——例如AMS数据中多余的正电子——会不会不是因为暗物质湮灭，而是因为其他剧烈天体物理现象？解决这个问题还是一个费神费力的领域。

轴子暗物质

暗物质的WIMP模型源自层级问题的思考及其引出的自然定律可能呈现新对称（超对称）的假设。假定产生的新粒子解释了层级问题，它们就有了解释观察到的暗物质密度所要求的正确质量和相互作用强度。这一切都是自动的，无须人为塑造。如果真是这样，那将是一幅美妙的图景，也是超对称假说长久以来如此诱人的一个原因。但到现在，具有预期质量的超对称粒子在很大程度上（即使不是彻底地）被排除了。同样，具有预期质量的WIMP也没有在直接探测实验中出现。在我们绝望投降之前，还有另一个暗物质候选者——也是由关于自然定律的一个大问题激发的——正好具备成为暗物质的那些性质。这种粒子叫**轴子**,和WIMP一样长久地吸引着众多的关注。

在我们的强相互作用讨论中,我们提到过一个所谓的强CP问题。我们看到,牛顿定律遵从一种叫时间反演的对称。这种对称的破坏(哪怕很小一点)对重子生成过程是至关重要的。但我们认识得很透彻的一个强相互作用特征却是遵从这种对称,我们讨论过,这关联着另一种对称,叫CP。

1951年,哈佛实验物理学家拉姆齐(Norman Ramsey)发现,对强相互作用来说,这种性质有一种敏感的检验方法。我们说过,中子很像质子,与它有着几乎相同的质量,只不过没有电荷。其结果是,我们可能认为它在法拉第和麦克斯韦的电场中不会发生任何事情。但它即使没有电荷,也可能有电的性质,例如它可以被电场推拉。毕竟,中子由夸克组成,而夸克本身是带电荷的。所以,即使中子是电中性的,至少当夸克在中子内部略微分开时,它会受电场影响。物理学家称这个特征为"电偶极矩"。拉姆齐推测,中子可能有与它大小相当的约为10^{-13}厘米的偶极矩。但他也意识到,如果时间反演是精确对称,则偶极矩将是被禁止的。他在他的第一次实验中发现,如果存在偶极矩,它将比那个简单猜测的值小至少7个量级(千万分之一)。当前实验证明,如果偶极矩存在,将小12个量级(万亿分之一)。

强相互作用初露头角时,它的一个诱人特征就是它似乎可以自动解释这个事实。但特霍夫特(我们记得他在弱相互作用理论发展中的作用)指出,事情并非如此。原因很微妙:它牵涉一点高深的现代数学,当时大多数物理学家还很陌生。特霍夫特解释说,当理论的方程写出来时,我们可以添加一个确实破坏时间反演对称的项。这个项正比于一个数字,通常记作希腊字母θ。如果你创生宇宙并随机选这个数,很可能会想起像2那样的数字。

20世纪的两个伟大数学家,阿蒂亚(Michael Atiyah,来自黎巴嫩,大部分生涯在牛津大学）和 MIT 的辛格（Isadore Manuel Singer）一起讲清楚了这个数学。1970年代，辛格有两个博士生，丹尼尔·弗里丹（Daniel Friedan）和罗杰·施拉夫利（Roger Schlafly），一个是著名女权主义者贝蒂·弗里丹［Betty Friedan，《女性的奥秘》（The Feminine Mystique）的作者］的儿子，一个是著名保守派活动家菲莉斯·施拉夫利［Phyllis Schlafly，最近的电视剧*《美国太太》（Mrs. America）的主角］的儿子。丹尼尔成了罗格斯大学教授，而且是弦理论的引领者。丹尼尔和罗杰同年获博士学位，好像两个母亲也参加了毕业典礼。我不确定那天有没有放烟花。

不管怎么说，如果不熟悉数学，就不明白如何将 θ 与拉姆齐的测量联系起来。有人怀疑 θ 实际上做不了什么。这时，我的朋友威滕又站出来了，带来一个重要而且精确的实验预言。他和几个合作者一起，解释说如果 QCD 描述强相互作用与所观察的一样，则我们能为给定的 θ 值可靠地计算中子的电偶极矩。他们还证明，如果 θ 要能解释这些实验，它必须小于十亿分之一。到现在，测量好多了，那个纯数的值肯定小于十亿分之一，而且未来几年还将给出更严格的极限（或者发现 θ）。

这可能只不过是一个事实。但是，能有深入的解释吗？能有某个机制自然导出 θ 为极端微小吗？佩切伊（Roberto Peccei）和奎因 1977 年提出了一种可能性。两位都来自斯坦福。他们的解决方法需要一种新对称，现在叫佩切伊-奎因对称。为获得这个对称，需要超越最简形式标准模型的结构。在他们最初的版本中，佩切伊和奎因有 4 种新粒子。然而，他们不曾注意的是，其中一种粒子必须非常轻，比任何已知基本粒子（可能除了中微子）都轻。这是温伯格和韦尔切克发现的，他们称那粒子为**轴子**。这个名称是玩儿专业术语，就像 1960 年代末的洗衣粉

---

* *Mrs. America* 是一部美剧，原文 movie 似有误。——译者

广告大战中玩儿的名字游戏一样(我办公室里有一箱那种洗衣粉,是以前的博士后送的礼物)。温伯格和韦尔切克揭示了这种粒子的性质——它的质量和与其他粒子相互作用的强度——并很快发现,它被大量现有实验排除了。

佩切伊继续在加州大学洛杉矶分校(他最后在那儿做了几年教务长)研究标准模型的现象。奎因则在斯坦福直线加速器中心(SLAC)继续她的学术生涯,她的很多工作是关于重夸克物理的。她是我在那儿做博士后的导师。她几年前从SLAC退休,成为K-12年级物理教育计划的领导者。她获得的荣誉很多,包括国家科学院院士和富兰克林奖章。2013年,佩切伊和奎因分享了美国物理学会的樱井理论粒子物理学奖。伤心的是,佩切伊在2020年去世了。

在温伯格和韦尔切克工作之后,轴子思想蛰伏了很多年。但是最后,不同的研究者都认识到了佩切伊和奎因思想的重要特征不在于模型的细节,而在于轻轴子本身。当时我作为高等研究院的一员(说白了就是一个博士后),正在与同事菲施勒(Willy Fischler,时在宾夕法尼亚大学,来研究院访问)和斯雷德里奇(Mark Srednicki,普林斯顿的博士后)构建一个粒子物理学的超对称模型,我们在模型构造中不断发现有类似于佩切伊和奎因的轴子的粒子。我们很快意识到有更一般的事情在发生着。如果轴子比原始模型的更轻,轴子的相互作用相应会更弱,因而轴子可能在加速器实验中躲过探测。但我们知道,这些粒子的其他约束来自恒星。就像中微子一样,轴子产生于恒星核,大多数会直接穿过恒星,带走一定的星体能量。实际上,除非相互作用**极其**微弱,轴子的发射将扰乱正常的星体过程。最强的限制来自相当怪异的恒星——红巨星、白矮星和最近的超新星SN1987a[从地球可以肉眼看见,也叫谢尔顿(Shelton)超新星,以第一个发现它的人的名字命名]。我们的论文发表时,才知道其他人也有类似想法,而且为这种“看不见的轴子"提出过其他模型。

我对我们工作的第一反应是既骄傲也尴尬。我们看起来是为没有结果的难题找到了一个借口。但菲施勒(现在得克萨斯大学,在那儿研究量子引力问题,还兼职做急救医生)开始向我提出一些关于这种粒子如何在早期宇宙活动的问题。这对我来说是一个新领域。我以前从没想过宇宙学问题。但在我妻子参加一个会议,我藏身布兰代斯大学物理系时,我明白了早期宇宙的轴子将多少有些像希格斯粒子那样,形成一个遍布整个空间的场。与希格斯粒子不同的是,这个场将在大爆炸后摆动,经过长时间后才稳定下来。菲施勒和我认识到,这种摆动可理解为大量轻轴子的集合,所有粒子都几乎处于静止。菲施勒促使我认识到,如果轴子质量是对的,那不是灾难,而意味着轴子是暗物质。后来发现,原来不只菲施勒和我在考虑这个问题。

有同样认识的还有希基维(Pierre Sikivie)和阿博特(Larry Abbott)(他们曾和我一起在SLAC做博士后),以及普雷斯基尔(John Preskill)、怀斯(Mark Wise)(两位当时都在哈佛)和韦尔切克(前面遇到过的)。如果这些非常微弱的相互作用粒子是暗物质,那么问题就变成:能探测它们吗? 当然不是在加速器中探测——因为轴子的相互作用极其微弱,它们只能非常稀有地出现,不大可能在对撞机中产生——**即使**个别产生出来了,也几乎不可能被探测到。但希基维认识到,可能有望利用在宇宙中这些粒子数量巨大的优势——毕竟我们假定它们构成了暗物质而且质量很轻。在非常强的磁场下,有些暗物质轴子将转化为光子。希基维的计算表明,有可能(尽管很难)构建一个具有足够大磁场且对小光子信号足够灵敏的探测器来探测这些暗物质轴子。一场漫长的实验竞赛由此开启,最近几年达到了一个有意义的轴子质量范围的灵敏度。这些实验是在一群训练有素而且决心果断的物理学家驱动下进行的,其中最主要的是现在加州大学伯克利分校的范比伯(Karl van

Bibber)和华盛顿大学的罗森伯格(Leslie Rosenberg)。实验涉及来自8个研究机构的28名物理学家,叫ADMX,即轴子暗物质实验。这些年来,他们的合作获得或建造了越来越强的磁体和对更小光子信号足够敏感的探测器。这是了不起的工具。

我们想探测的光子不像前面WIMP湮灭时说的γ射线,它们有很低的能量和很长的波长,相当于你微波炉里的辐射的波长。实验的策略是在一个空腔里捕获粒子——空腔基本上就是面壁用高传导材料做的盒子。这些空腔的制作很灵巧。搜寻策略也很灵活。实验之前并不很准确地知道轴子的质量,它可以在至少2个量级(100倍)范围内变化。相应地,预期的微波辐射的能量也不能准确知道。因此,在寻找粒子的过程中,必须在很大的光子频率范围内考察每一个微小的步骤。想想老式的旋钮收音机怎么选台,现在我们就是要在旋钮上精确确定微弱信号的位置。实验家们已经制定了方案,可以进行轻松的系统性搜寻。最简单形式的轴子暗物质思想是不是对的,将在几年内见分晓。

但它真的对吗? 就在我们做初始工作时,菲施勒和我就认识到我们就宇宙早期历史做了一些关键的假定,它们虽然相当标准,却从未经过实验验证。其中最重要的是宇宙曾经**极端**高热,大约10^{25}开。但是我们并不能从任何实际观测中知道宇宙曾那么热过。我们从实验知道的只是宇宙曾经很热,使核反应普遍发生。这对应的温度是10^{10}开,也就是轻元素形成的温度。在我们的原始论文中,我们建议了另一种形式的标准宇宙学,其中宇宙从来没有如此热过。在我们的图景中,轴子要轻得多,它们在宇宙的数量也相应更多(暗物质密度必须是一样的),但探测也更困难。它们在ADMX实验中可能看不见。这些年来,人们研究过动机更好、发展更细的这种轻轴子模型;最令人惊奇的是,人们发现弦理论预言了这种轻轴子。对探测这些粒子人们也提出了很多不同的策略。最近,斯坦福的格雷厄姆(Peter Graham)与各方的理论家和实验家合作者提出一个建议。他们的想法牵涉奇异的技术和微妙的物理。原型实验正处于计划和发展阶段。他们有望为这个令人振奋的可能性打开一扇窗户。

不带偏见地寻找暗物质

对于暗物质，我们所能确定的是它有多少量和它很难与普通物质相互作用。它可以很重——或极端地轻；它可能是远比 CDMS 和 Xenon1T 实验可能将看到的 WIMP 更重的 WIMP；它也可能如我们建议的那样是某种轴子然而更轻，也是 ADMX 无法看到的。

超对称 WIMP 和轴子都有一个显著特征，那就是它们都是在回答其他关于自然定律的大问题中构想出来的。但或许——甚至很可能——这些建议只是理论家对自己解决大问题的猜想能力的傲慢表现。我曾在不同论文里指出，轴子思想是我们解释强 CP 问题的最好方式。但这并非没有问题，特别是 ADMX 所呈现的轴子质量有那么大的范围。超对称假说虽然为找寻 WIMP 暗物质提供了很大动力，但我们也看到，超对称思想在大型对撞机实验中遇到了麻烦。我们预期能看到的粒子并没有被看到。可能我们现在太不走运，但在未来的机器运行中，我们仍然有可能找到超对称的证据。也可能是我们的思想被带偏了，但还不严重，我们还没有足够的能量去发现这些新粒子。WIMP 可能只是比预期的状态重那么一点儿，因此才逃过了探测。但对围绕 WIMP 暗物质的各种思想，我们应该保持健康的怀疑。

回到理论家自大的问题，人们有理由问：理论物理学家是不是已经带着该由什么原理指引自然的偏见，堵塞了我们通向深刻认识的道路？

很多理论家和实验家指出，我们应该抛弃暗物质可能是什么的任何偏见。我们还有很多不知道的。凭什么要把它与当下困惑我们的神秘事物绑在一起呢？也许我们能将暗物质的可能形式和探测策略分门别类罗列出来。我们不能真正做到穷尽每种可能质量和相互作用强度,但我们也许可以考虑一个宽广的可能性范围。这种思路已经引领了大量理论家和实验家合作探索各种奇异技术的应用。对我这个做理论的来说,这似乎是健康而令人振奋的发展。

◇ 第十一章

暗能量

在爱因斯坦的引力理论中,能量弯曲空间和时间。在被恒星和黑洞弯曲的时空里,行星和光线遵从最接近直线的路径运动。但这些轨道由它们周围的宇宙确定。爱因斯坦理论的第一批检验是寻找这些效应,多数情形都很微小。只是很久以后,人们才构想并发现了中子星和黑洞那样的天体。在这些天体附近,时空被剧烈改变了。在最近发现的黑洞与中子星碰撞产生的引力波中,我们看到了时空本身的扭曲。

爱因斯坦将宇宙作为整体考虑时,还设想过更剧烈的时空变化。在他的时代,令空间发生弯曲的能量被认为来自恒星。人们对邻近星系的存在还知之甚少,更不用说遥远星系了。在爱因斯坦的宇宙模型中,时空弯曲使得宇宙随时间流逝而膨胀。结果,万物都在彼此远离。

到今天,我们知道了更多的东西。天文学家和天体物理学家绘出了一幅充满着星系、星系团和超星系团的宇宙图景。在这些星系之间,存在着大量的气体,主要是氢。而正如我们看到的,宇宙的多数物质是暗物质。

重温爱因斯坦的最大错误

但是还有另一种可能的能量形式,它从一开始就隐约显现为巨大的可能存在——所谓"巨大",既指其数量,也指它对时空的可能效应。

它是遍布时空每一点的一份能量，也是爱因斯坦理论容许的存在——它就是他所称的宇宙学常数，是他给他的方程添加的一个常数项，最初是希望能避免空间和时间的膨胀。我们已经看到，随着哈勃发现宇宙膨胀，爱因斯坦曾试图清除这个宇宙学常数，宣布他早先添加它是一生最大的错误。

可是，他为什么认为它是那么大的错误呢？我最多只能说，他认为它们令他的方程看起来很丑，而且至少在一段时期里，还不清楚正需要它来满足宇宙增长的数据。但自然定律没有义务遵从个别人的美学观点，哪怕是爱因斯坦的也不行。如果爱因斯坦不是如此敌视量子力学，他可能就不会困惑宇宙学常数不存在，而会困惑它为什么不是那么大，大到将宇宙卷曲为一个或许几千米直径甚至可能更小的小球。

那么，主宰小尺度世界的量子力学与宇宙尺度之间存在什么冲突呢？问题在于不确定性原理。正如不确定性原理说的，你不可能精确知道一个粒子的位置而不牺牲其速度或能量信息，因此对光可能振动的每种方式，你不会知道根本没有振动。每种可能的振动——每个可能的频率（如收音机的千赫兹）——总会有一点能量的。就我们的认识，可能的频率的数量是无限的。所以，在空间的每个地方都存在无限多的能量。而奇怪的是，这些能量是伴随着**负**压力出现的。这可能并不令你感到惊奇。对我们多数人（我承认，即使对我的很多同事和学生，他们本应懂得更多），我们对压力概念的理解并不是太深。不过这里只需要说明，例如，对气球来说，压力是正的，也正是内部空气的压力推着气球外壁，它才不至坍缩。你的汽车轮胎也是一样的道理。而如果是负压的情形，空气看起来就像要把外壁吸进去。

你当然有相当的理由问，既然量子力学的结果那么疯狂，为什么不把它抛弃了？这个问题，是每个学物理的同学第一次遇到这一特征时都会问的。但他们的老师和课本令他们确信这个无穷大的能量没有不好的结果。老师们（包括我）之所以能与它和谐共处，是因为在广义相对论加入之前，光子、电子、质子和其他所有事物都可以安然地在这一池能量汤中运动。

对我这一代和更老的老师来说，忽略无穷大能量问题还有一个理由。广义相对论的名声那时一直在动摇，它与量子力学结合的前景肯定是黯淡的。所以，即使我们知道有问题，也假装看不见；如果需要它了，也想着一觉醒来会从其他地方生出另一个能量，正好把它抵消。

我在相当早的时候就被萨斯坎德逼着直面这个问题了。他向我介绍的层级问题已经动摇了我的世界观。过后不久，他又甩给我一个更极端的微调问题。在科罗拉多阿斯本一座壮观的山上，邻近一群名人富豪的院落，有一个小小的物理研究所，理论家们常常在夏天来这儿相聚两三个星期。那真是一个好地方。他们工作日工作，周末去附近山里徒步或骑行。有年夏天，我作为博士后也去访问。我的朋友菲施勒在那儿，萨斯坎德也在。我记得萨斯坎德问过我为什么宇宙没有被卷缩成那么小的球（他乐意想它像月亮那么大）。我那时已经不天真了。我那靠微调生成适当宇宙的全知的存在，得被迫调节到小数点第100位而不是32位了。于是层级问题开始变得微不足道。

后来，菲施勒和我，还有我们的同事斯雷德里奇，觉得已经有希望用超对称来解决层级问题，我们认为最好把宇宙学常数问题也解决了。实际上，从这点看来，超对称是很纯净的。如果超对称没有破坏，宇宙学常数可能为零。不同类型粒子的贡献将相互抵消。但超对称不可能是精确的，我们发现仍然需要至少抵消到小数点后60位。我们绞尽脑汁想要解决这个问题，想象答案就在眼前了。

但除了寻求一个解决方法，这个疑难还存在另一方面的问题。最终我们知道，宇宙学常数必须极端微小。毕竟宇宙是很大的。那么它或许可能就等于零。如果天文学家要测量这个数字，它将只能是这么大,只有这样,它才会在宇宙像现在一样老的时候勉强显得重要。为什么说现在呢?

然而,笑到最后的可能还是自然。

宇宙怎么能比最老的恒星还年轻?

我们家和很多人一样,两口子上班(以前还有小孩)。因为要住在离老婆工作近的地方,我就得经过很长的通勤。我不能忍受一个人开车,不管什么时候,当我一个人开车时,总是感到愧疚不安。所以,就像我说过的,我一般坐公交或与人拼车。如果你们谁有类似的经历,我推荐这种通勤方式。这对改善我的情绪健康大有好处,而通勤时间也就不会白费了。这些年来,它也极大减少了我的碳足迹。我常年的一个拼车伙伴是乔治·布卢门撒尔(George Blumenthal)。乔治是著名天文学家,在发展暗物质理论中发挥过重要作用。他后来成为我大学的校长。但在1990年代,因为**他的**夫人、法学教授凯莉·韦斯伯格(Kelly Weisberg)在旧金山教书,他们想协调通勤时间,于是做了我的邻居。乔治和凯莉的小孩同我们的两个大孩子同龄,我们驱车上班的路上,如果不谈孩子或校园政治那些恼人的事情,就讨论各种难题。在爱因斯坦的理论中,假定我们看见的物质和能量(包括暗物质)就是所有的存在,那么我们就可以通过宇宙的膨胀速率(即哈勃常数)确定宇宙的年龄,即大爆炸以来经历的时间。1990年代中期,哈勃常数的测量值给出的宇宙年龄大约是90亿年。但这带来了严峻的问题。宇宙中存在一些叫球状星团的天体,已知它们的年龄大约是100亿年,比那个宇宙年龄还老。不用说,这是很令人尴尬的事情。

乔治告诉我一种解决办法,我对它表示反对。原来,假如存在宇宙学常数,宇宙膨胀是加速的(天文学家就是在这种背景下说加速的)。这意味着它在过去比我们想象的膨胀慢,因此宇宙比它在没有加速时更老。大量研究者指出,这可以为年龄偏差问题提供一种解释。对我和其他很多人来说,要宇宙学常数恰好具有那样的大小,代价似乎太大了。但还可以从另一个动机来考虑宇宙学常数。这来自星系形成的研究,这方面的事情,我从圣克鲁斯的同事普里马克(Joel Primack)那儿听过很多。他那时正与不同合作者研究星系是如何形成的。他们开始就假定,宇宙能量在大多数历史时期都是由物质主导的——普通物质和暗物质。研究这个问题需要当时最先进的计算机模拟。他们从模拟得到的结果与从实际观测的典型星系得到的结果相差不远,但还不算完全正确。相反,如果他们修正模型,假定存在宇宙学常数而且常数对今天的宇宙能量贡献了重要组分,那么他们的结果会好得多。

为了理解为什么这一点在我看来很奇怪,我们可以问一下,在宇宙历史上,那个大小的宇宙学常数什么时候才显得重要。答案是,在最初几百万年,它几乎没有作用。当宇宙10亿年时,恒星开始形成,它的效应才勉强可以察觉。由于某种原因,如果我的同事是正确的,那么宇宙学常数只有到了"现在",即我们所处的宇宙历史当下的阶段,才变得重要。这一点我又感到怀疑了。它对我来说,更可能是有人误会了星系团或星系形成的某些方面,而不大可能是得到了那么一个疯狂的数字,赶巧在宇宙的今天和未来——而不是过去——变得重要。

我的偏见就是偏见,结果表明它们都彻底错了。幸运的是,天文学家和天体物理学家从广义相对论的早期就知道了宇宙学常数的可能存在而且一直在寻找它。因为宇宙没有卷曲成一个小球,他们知道常数不会太大。直到1990年代初,他们都还没有常数存在的证据;他们只能说它一定小于某数,因而几乎没有希望观测到。

这时候,温伯格再次走进了我们的故事。温伯格是一位兴趣广泛的科学家。他除了提出标准模型的关键元素外,还是专业的宇宙学家。为了认识这门学科,他在1970年代教过一门课,并写了一部综合性的教科书《引力与宇宙学》(*Gravitation and Cosmology*)。他还写了大量论文,有些成了暗物质总量计算的起点。近年来,他为了补充更新知识,又上了另一门课,写了**另一本**教科书《宇宙学》(*Cosmology*)。

温伯格对宇宙学常数问题和我们讨论的它为什么那么小的问题,都非常感兴趣。1989年,他在哈佛做了系列公开讲座,写了一篇这个主题的综述文章。他做了粗略论证,使问题更加尖锐。他没有简单说什么"宇宙学常数不可能太大,否则宇宙将很小",而是指出如果宇宙学常数太大了,恒星和星系将不会形成。更精确地说,星系大约在大爆炸后10亿年开始形成。如果宇宙那时膨胀太快,本将形成恒星的那些物质将被爆炸式的膨胀炸得四分五裂。所以,即使没有直接观测,他也能说宇宙学常数可能会有多大。温伯格将问题反过来看,不说难以理解为什么宇宙学常数很小,而是论证宇宙学常数不大可能比某个确定值小得太多。观测这个数值需要研究距离我们数十亿光年远的恒星和星系的运动。

两个观测天体物理学家小组,分别在加州大学伯克利分校的佩尔穆特(Saul Perlmutter),以及约翰斯·霍普金斯大学的里斯(Adam Riess)和澳大利亚国立大学的施密特(Brian Schmidt)领导下,设计了测量宇宙学常数的计划。他们认识到,可以通过研究一种特殊类型的剧烈事件,即**超新星爆发**,来回答这个问题。超新星是某些恒星生命的爆炸性终结,属于宇宙发生的最剧烈事件之列。天文学家很好地认识了恒星的诞生和死亡,因此这些事件可以作为测量宇宙的工具。恒星形成于物质(一般是氢气,但也有些重元素的混合物)密度高于平均水平的区域。粒子开始在它们的引力作用下越走越近。一旦有足够多的粒子紧密聚集在一起,它们就会变热,最终产生足够的热,促使核反应开始发生,而星体也开始变热,发出光、热和其他辐射。从这个时刻起,恒星的生命就处于激烈的竞争之中:热核反应在星体内部深处发生,倾向将星体吹散;而因巨大质量而产生的巨大引力,则要将所有星体组成物质拉向它的中心。这些力的平衡决定着恒星的大小和温度。最后,核燃料燃尽,星体因引力而坍缩。(物质其实并未消失,但最后没有足够的氢维持基本的核反应。)这时,不同大小(质量)的恒星将发生不同的事情。我们的太阳将经历不同的阶段,50亿年后将耗尽大多数核燃料,然后在相对短的时间内变成一颗庞大、高热的红巨星,然后终结为一个冰冷的残余物,即所谓的白矮星。

其他质量更大的恒星也在某个时候耗尽核燃料发生坍缩;恒星表面附近的所有物质都涌向中心。这时,一旦物质紧密聚集在一起,系统将再度快速热起来,引发剧烈爆炸。这叫Ⅱ型超新星。很多物质被吹向太空,最终变成其他恒星的原料,特别是能提供像碳和铁那样的重元素。有些物质以中微子或光的形式出现。还有很多残余物质则留下形成中子星,或者有时也留下黑洞。在地球上用肉眼看见的超新星很稀少。最近一次观察到的是1987年发生在南半球的。第二种类型的超新星爆发起源于双星系统,是一颗白矮星从一颗恒星汲取物质并重新引燃爆炸。这叫Ⅰ型超新星。

Ⅰ型超新星之所以引人注目并让里斯、施密特和佩尔穆特觉得非常有用,是因为它们是天文学家所说的**标准烛光**。所有这类超新星基本上都是一样的,因而它们发出的光具有独特的特征。最重要的是,我们知道这些光的辐射谱。我们在地球上观察到的波长是移动过的,根据爱因斯坦的红移法则,这依赖于光什么时候从哪里发出来。佩尔穆特、里斯、施密特和其他合作成员发现,如果在天空观察到Ⅰ型超新星并测量其不同频率的辐射,就可以绘出宇宙的引力场分布图。这个信息可用于确定宇宙在不同时间的膨胀速率。

他们的结果给出一个宇宙学常数,恰好具有解释宇宙年龄和结构形成所需要的大小,大约等于温伯格粗略论证所预言的数值。实际上,暗能量构成了整个宇宙能量的大约70%。佩尔穆特、里斯和施密特因他们的工作获得2011年诺贝尔奖。

接下来的几年里,超新星的进一步观测和系列其他观测都证明了这个发现。尽管物理学家和天文学家都倾向称结果为**暗能量**,我还是一贯说它是宇宙学常数,因为它也能令人信服地充当其他某种东西。虽然本章标题是暗能量,我还是想继续称它为宇宙学常数,原因有两点。第一,到现在为止,有很好的证据支持不仅我们预期的能量密度在宇宙空间和时间是常数,而且压力也是常数。第二,正如我们稍后将讨论的,宇宙学常数够疯狂了,但还有其他更疯狂的。

我们正处于宇宙历史的紧要关头。自大爆炸几秒以来到现在的时期,宇宙膨胀在减缓。当宇宙150年时,比它3分钟时大10 000倍。在接下来的130亿年,它只是以相似的因子增长。这一切都将改变。在接着的250亿年,宇宙将增大10倍。在此之后的250亿年,它将再增大10倍。再下一个250亿年,它还将增大10倍,然后一直如此增长下去。换句话说,在1000亿年中,它将比现在大100亿倍。万亿年后比现在大10^{100}(1**古戈尔**)倍。现在距离我们100万光年的星系将跑到百万古戈尔光年以外,比任何能用仪器看到的事物都更加遥远。在这样的时间尺度上,宇宙将是一个荒芜的空间。

好了,现在我们该从那个凄寒遥远的未来往回走了。

走进动荡的宇宙

◇ 第十二章

万物之始

我们知道宇宙原来比今天看到的小得多。我们能可靠地追溯130亿年前的宇宙历史,那时它比今天小20个数量级(10的20次幂)。我们称那最初的瞬间为大爆炸。但宇宙真的曾经收缩到一点吗?我们能回望多远?对后一个问题,天体物理学家有一个答案。紧跟大爆炸之后,在重子和暗物质生成之前,发生了非常剧烈的事情。对这个事件,我们有非常广泛的证据,但它在很多方面依然神秘。这就是所谓的**暴胀**时期。那很可能是我们有希望获取直接证据的最早时间。

在前一章里,我们知道宇宙正在进入一个指数式增长的时期,它以大约每100亿年一个量级(10倍)的速率增长。但更奇怪的或许是这在以前已经发生过了。在大爆炸后不到1秒的极短时间里——大概10^{-33}秒(1秒的十亿亿亿亿分之一)——宇宙经历了一个急剧增长的时期,大约每10^{-33}秒增长10倍,一直持续到宇宙增长10^{100}(1古戈尔)倍——可能偏差几个数量级。这就像一个细菌长到今天的宇宙那么大,然后继续长3次或更多,每次都发生在不到1秒的极小时间间隔内。宇宙学家为什么想这个呢?我们是怎么知道的呢?从这个例子我们可以看到,看上去无比怪异的思想竟能成为精确研究和实验的主题。1970年代末,阿兰·古思(Alan Guth)还是一个奋发努力的年轻博士后。他远离当时的理论物理学主流,而专心研究大爆炸宇宙学的系列问题。一年夏天,他来SLAC访问,我在那儿做博士后,我还清楚地记得他对这些问题的描述。

有3个问题令阿兰忧虑。第一个问题是**宇宙学原理**。我头回听说爱因斯坦宇宙学起点是这个原理时就感到不安,阿兰则感到焦虑:宇宙在每个地方和每个方向都是相同的(这就是宇宙学原理)。我们已经看到,这个表述在很大程度上是正确的。例如,我们知道微波背景的温度在所有方向上都是相同的,精度达万分之一。就是说,它在某个方向为2.7001开,而在另一个方向为2.7002开。在古思忧虑这个问题时,对这些事情还没有这么准确的了解,但已经很清楚,不管我们在哪个方向观测,温度都至少是大致相同的。

这在一定程度上并不那么令人惊奇。如果你把热空气吹进一个装有冷空气的容器,将容器封闭,起初容器不同部分的空气会有不同温度,但过不大一会儿之后,气体温度将变得到处一样。对宇宙的温度来说,这个问题却发生在"不大一会儿"之内。对容器里的空气来说,温度是分子的平均能量(或速度)的度量。开始,有的气体比其他气体热的时候,热气体附近的分子比容器内其他地方的分子运动更快。但快分子会碰撞慢分子,向它们传递部分能量,直到一会儿过后它们都有相同的能量——因而容器有相同的温度。达到这种状态需要的时间,受控于分子碰撞的频率。如果在注入热空气后就即刻测量容器内不同点的温度,我们将得到不同的结果。

容器不同部分最快达到相同温度的时间,是通过光来沟通它们的时间。这就是早期宇宙的问题。我们考察CMBR(宇宙微波背景辐射)时,是在回望大约10^{12}个即使通过光速也不能彼此联系的区域,那时宇宙大约100 000年,而那些区域却几乎具有完全相同的温度。难道宇宙就是以这种方式创生出来的?

古思考虑的第二个问题与空间曲率有关。我们现在习惯了时空在宇宙历史上是弯曲的思想,但也有可能是空间本身在任何给定时刻都是弯曲的。这可以通过类比来理解。假如我们是生活在一个球面的蚂蚁,我们的世界基本就是2维的,不过是一个弯曲的2维世界。如果我们在一个大圆上旅行足够远,将回到(例如)出发的位置。其实,在爱因斯坦的宇宙学中,也会发生类似的事情,只不过多一个维度。看看我们周围,会发现宇宙几乎是平直的。这一点其实是很难理解的。在宇宙极早时期,似乎万物都恰好避免了大空间曲率。

古思还被第三个问题困扰,即所谓的**单极子问题**。

这部分暴胀故事让我有机会触及另一个问题。我们说过电磁力与引力之间的差别。原子内的电力远远大于引力。但在大自然中,多数原子和原子的集合都是电中性的,因此在大距离上这些力被抵消了,而引力则在大事物——如行星、恒星乃至一些更小的事物上赢得了胜利。这里的关键在于,电子的电荷与质子的电荷精确相反。当我们说"精确"时应当小心地问一下,在实验中,我们在多高的精度上知道这是真的。如果没有静下来做一个专门实验,我们不能随便做猜测。例如,假如电子电荷比质子电荷略微小一点,太阳和行星就都将带正电荷,它等于所有原子的正电荷的总和。这将在它们(如太阳与地球)之间产生一个排斥力。这个力将超过引力,从而把太阳和地球分开,这只要额外多出大约 10^{19} 分之一的电荷就足够了。更详细的考虑会给出更强的结果。这样看来,这些电荷的确是精确相等且相反的。

正如我们思考自然定律时老想着的那样,我们可以问:难道自然恰好就是这样的吗?我们能提供一个解释吗?这里,狄拉克又走进了我们的故事。对多数学物理的同学(包括我自己)来说,电比磁更容易思考。这是因为对电来说,我们基本上只需要跟着电荷就行了。而另一方面,磁却难以理解。它产生于电流或粒子自旋,方程要复杂得多。考虑磁荷会简单一些,如果这种东西存在的话。但从来没人见过一个磁荷,麦克斯韦方程也只管电荷而没有磁荷。这种孤立的磁荷被称为**磁单极子**。

1931年,提出存在反物质的那位狄拉克提出一个新问题:如果在麦克斯韦理论中加入磁单极子,会发生什么?如果是我,我会拣明显的事情做,把磁荷放进麦克斯韦方程组就是了。然而,狄拉克像爱因斯坦建立引力的相对论那样,以更深刻和微妙的方式思考这个问题。他认识到,磁单极子——哪怕只有一个——在宇宙某个地方的存在,将给量子力学带来巨大挑战。他考虑了在一个具有像电子和磁单极子那样的带荷物体的世界中的薛定谔方程。他发现,如果没有一些数学技巧,这两种粒子在薛定谔的框架下都是不允许的。实际上,他那篇非凡论文开头就宣告:"物理学的平稳发展需要为它的理论构架赋予正在不断进步的数学。"

狄拉克接着论证,哪怕某个地方只存在一个单极子,量子力学也将是无效的,除非所有电荷以特定方式相关,使得质子和电子电荷完全抵消。(物理学家说电荷是量子化的;所有电荷都是电荷基本单位的有理倍数。)这是对明显的荷量子化事实所提出的第一个解释,从那时起,实验就对单极子存在的可能性开放了。不同的寻找实验偶尔会出现一些候选者,但迄今为止,它们都不过是一些带着假信号的寻常现象。在更理论的方面,则有了重要进展。在狄拉克的方法中,单极子是以特设方式引进的。我们并不先验地知道它们的荷、质量或任何其他性质。大统一理论和弦理论是单极子的家园——它们作为理论的部分而自动生成——而且遵从狄拉克的法则。这些粒子多数时间是极端沉重的,也是很稳定的。因此这样的东西有很大概率存在。尽管它们因为太重而几乎不可能在加速器中产生,宇宙还是有可能在某个时间和地点产生它们。

单极子的数量有很强的限制。一个限制源于遍布我们银河系的磁场的存在。单极子存在的话，将消减这个磁场。第二个限制是因为我们很清楚地知道宇宙有多少能量。在诸如弦理论和大统一理论中，单极子极重，通常是质子质量的 10^{16}（约1亿亿）倍甚至更多。因为我们知道宇宙物质携带了多少能量，我们可以说单极子的数量不可能超过原子数量的 10^{-16}。于是平均说来，在1立方千米的宇宙空间发现一个单极子的概率大概是亿分之一。

可是，这样我们就遇到一个大问题。如果宇宙在过去极端高热，那时它会生成单极子和反单极子。当宇宙冷却时，这些粒子的大部分会留存下来。今天它们存在的数量应该与光子数相当；而考虑到它们的巨大质量，这是不可接受的。即使宇宙从来不曾如此高热，一般论证也认为会产生大量单极子。因此，要么单极子在自然中不起作用，要么就得为我们对极早期宇宙的认识拿出新的东西来。

暴胀

1981年，古思提出一个想法，解决了单极子问题，同时也解决了均匀性、各向同性和平直性问题。他称这个建议为暴胀，类似于经济学中的通货膨胀。1970年代是美国经济的高通胀时期，人们担心国家可能会经历"过山车式的通胀"。1923年，德国发生过一个极端案例，价格每天增长41%。以那样的速率，价格每周增长十多倍（幸运的是，除了在南部邦联到国内战争结束时期也许有过，美国从未发生过这样的事情）。这就是说，假如你喜欢的面包这个星期的价格是5美元，下个星期就是50美元，再下个星期就是500美元，等等。一年以后，你喜欢的面包将花费你想象不到的数字，10^{52} 美元。这个美元数相当于太阳的原子数！当然，事情不可能发展到那种地步。钱是会花完的。实际上，很可能发生政府更迭甚至更坏的事情。

古思猜测宇宙可能以类似方式增长过一个短暂时期。如果宇宙增大60或更多量级,这就解决了我们列出的所有问题。温度几乎处处相同的事实将自动出现。我们现在能看到的整个宇宙最初都裹在一个难以想象的小空间里,因此我们看到的所有东西有相同温度是自然而然的事情。即使宇宙从一个小球开始,它也将完全平摊开来。而且,不论初始有多少单极子,它都将被空间稀释,最后可能整个宇宙顶多只有一个单极子。

古思为这个大统一思想激发的现象提出了一个模型。在他的图景中,宇宙始于极端高热的状态,暴胀从每个点开始发生。他很快认识到,他提出的这个模型不能实现他想做的事情。暴胀停不下来。但林德(Andrei Linde,当时在苏联朗道研究所,现在斯坦福)、斯坦哈特(Paul Steinhardt,当时在宾夕法尼亚大学,现在普林斯顿)和他的学生阿尔布雷克特(Andy Albrecht,现在加州大学戴维斯分校)很快提出一个新的建议。在他们的模型以及后来研究的许多变化形式中,暴胀是断续发生的。模型有几个工作部分,包括一个类似于希格斯场的新场,叫**暴胀子**。尽管理论有些缺点,但它还能运转。整个理论被称为"新暴胀宇宙"。

虽然暴胀假说有可能解决大爆炸理论的问题,但它开始的时候似乎没留下什么特征性的标志。由于古思和皮昭泳*,以及巴丁(James Bardeen)、斯坦哈特和特纳(Michael Turner)两个小组对量子形式的暴胀理论的研究,状况才得到改变。当暴胀与量子力学结合时,人们才发现它解释了长期以来一直困扰物理学和宇宙学的一个大问题:宇宙中的结构——恒星、星系——是如何形成的? 而且随着这个解释,它还预言了宇宙微波辐射。

---

* So-Young Pi,音译,韩国裔女物理学家,波士顿大学退休物理教授。古思在他著名的《暴胀宇宙》(*The Inflationary Universe*)一书中讲过他们合作的故事。——译者

我们说过,完全的均匀性和各向同性并不好。我们更喜欢一定的不规则作为形成我们看到的结构的种子。但很快发现,暴胀虽然让事物变得几乎均匀,却必然产生一个并不完全光滑的宇宙。**非均匀性**的起源就是量子力学。在量子力学中,不确定性原理是关键。在这个原理的极简形式下,它告诉我们不可能同时以任意精度知道粒子的位置和动量。这个原理还有更广泛的应用。在暴胀条件下,它说我们不可能精确知道时空中给定点的暴胀场的值和场的变化率。不过正是靠了这种结合,才能确定空间任一点有多少能量。所以,理论在预言宇宙的平均总能量的同时,也预言了能量从一点到另一点的小幅度随机变化——当然还是量子概率。事实表明,无须知道基本理论的太多细节,他们两个小组就能计算能量密度变化——连同温度变化——的暴胀预言。

新暴胀论不是一个模型,而是一大类模型。每个模型都有各自对温度变化的预言,但没有一个能令人信服地说这就是理论预言的数字。我们确实知道的是,恒星和星系大约在大爆炸10亿年后开始形成,从那以后,温度的变化应该大约是10^{-5}或略大。那么,现在的问题是:我们能发现它们吗? 我们已经看到,早期的研究没看见变化。第一个结果来自COBE(宇宙背景探测)卫星1993年的观测。COBE观测到温度的微弱变化——大约十万分之一,正好能够解释我们在宇宙看到的结构。COBE的主要研究者马瑟(John Mather)和斯穆特(George Smoot)因为这项工作获得了诺贝尔奖(2006年)。

在科学中,一个现象的首次观测常常是边缘性的,很少能重要到宣布一个发现,而且会遭遇怀疑者的批评。但如果现象是真的,跟着就会有更好的仪器和技术,带来改进的观测结果,令人信服地证实现象,进行详细的研究。宇宙微波背景辐射肯定就是这样的例子。一系列卫星和地面观测站事无巨细地研究了宇宙微波背景辐射。多亏了像WMAP

（威尔金森微波各向异性探测器，NASA于2001年发射）和普朗克（欧洲空间局于2009年发射）那样的卫星，我们有了详细的整个天空的温度图。解读这些数据可以重构早期宇宙的大量信息。例如，它为能量组成提供了准确的度量——包括暗能量、暗物质和普通物质。

数据告诉我们什么？我们想知道什么？

这大量的数据证实，首先，大爆炸确实发生过；其次，宇宙曾经有约10 000开的高温。那个时候，宇宙如爱因斯坦第一次考察宇宙学时所假定的那样，在很大程度上是均匀的和各向同性的。除此之外，我们现在还有很大的信心知道，我们看到的周围的结构——恒星、星系和星系团——是从各向同性和均匀性的小小破坏中产生出来的。由此我们有理由相信暴胀确实发生过。

粒子物理学家想要更多。他们想准确理解，什么自然定律——什么场、这些场有什么方程——为暴胀负责，也许由此可以看到它之前发生了什么。再说一遍，暴胀虽然很成功，但它并不真的是一个理论，而是一类理论。有一件事我们不明白，暴胀什么时候发生？或什么时候结束？或如何结束？我们很确定的是，它一定结束于宇宙几分钟的时候。但这个巨变的时期、快速暴胀的时期，也许出现得更早。暴胀由它发生时刻的总能量表征，而这反过来转为宇宙大小的倍增时间。例如，如果能量密度是大统一理论或弦理论的特征量，则那个倍增时间极其短暂，短得不可想象——10^{-37}秒即0.000 000 000 000 000 000 000 000 000 000 000 000 1秒。换句话说，我们的人造卫星将为我们提供一幅大爆炸后无限小时间后的宇宙图景。我们怎么知道呢？一种可能是我们将找到一个令人信服的理论来解释海量的数据并为这些现象提出准确的预言。虽然已经有了很多建议，但没有一个特别令人信服。

然而，实验还是有希望确定某些问题，特别是暴胀的能量尺度。只要这个尺度不是太大,大约比大统一的尺度小2个量级,就可能观测到来自暴胀的引力波。这些波应该是源自量子效应,犹如解释宇宙结构的那种微弱的能量非均匀性。但引力——以及引力波——是能量产生的,所以能量越小,引力波越少。2014年,在南极的一个实验(叫BICEP2,即"第二次宇宙河外极化背景成像")大张旗鼓地宣布发现了源自早期宇宙的引力波。紧跟而来的是人们对它的周密审查和批评。结果,BICEP2竟然是尘埃惹的祸(再说一遍,天文学家只是把任何类型的粒子,如氢和其他原子,称为尘埃)。于是发现很快被否定,人们转去寻找和分析惹祸的尘埃,这项工作正在进行中。过几年我们也许会知道暴胀是什么时候发生的。虽然与我的当下的理论偏见不相容,但很有可能没一个实验会看到引力波信号,我们至多可以说暴胀发生在约大爆炸 10^{-36} 秒后。但想象一下,我们是否能可靠地宣称人类瞥见了 10^{-36} 秒老的宇宙!

暴胀终结时,宇宙还很热,温度几乎处处相同。这提出一个难题:我们今天看到的那些非均匀性——星系、恒星、行星——是如何从这一池均匀热汤生成的呢?答案在于古思和皮昭泳预言的微小能量变化,它导致了温度的微小变化。古思和皮昭泳认识到,这些小变化会长大,不久就将大到足以在一些高密度区域发生坍缩,开始形成星系和恒星。他们在温度变化测量之前就得到了理论,并**预言**了那个变化数字为 10^{-5}。(存在一定的不确定性,因为他们没有星系如何从这个变化中形成的详细模型。)值得注意的是,密度的这种小涨落是量子力学涨落的结果——根本说来是不确定性原理的表现。

星系如何形成的细节是很复杂的。正如我在圣克鲁斯的同事布卢门撒尔、费伯和普里马克在1984年首先解释的,暗物质是其中的关键要素。在他们的图景中,暗物质首先聚集成块,吸引普通物质——主要是氢气,然后开始坍缩,形成恒星和星系。到现在,在强大计算机和巧妙算法的帮助下,星系形成的研究为我们展开了令人信服的图景,详细呈现了我们在宇宙看到的结构是如何正好在暴胀之后从那些小小的量子力学种子成长起来的。我们已经说过量子力学及原子和更小事物的世界,现在我们看到量子力学在天空也是显而易见的!

极早期宇宙:我们在哪儿?

从宇宙微波背景的观测和宇宙结构的形成,我们可以确定古思所说的暴胀的确发生过。诱人的是我们对那个早期的现象有一定认识,但我们只有一个大体的图景。暴胀几乎肯定会将我们引向新的自然定律乃至新的整体性原理。至于具体发生着什么事情,发现来自暴胀的引力波将为我们提供重要的线索。但即使那样,我们也可能还需要一些理论突破,或许来自弦理论,也可能来自其他什么方向,从而使我们能完整地认识到底发生了什么。

在这周围还萦绕着其他大问题。暴胀犹如一块大幕,把宇宙在少年时代发生的事情掩藏在幕后。我们仍然不知道时空在暴胀之前是否收缩为一个点或被什么不同的东西所代替。接着,我们将走进一个荒芜的,几乎毫无根基的玄妙世界。跟我来吧。

◇ 第十三章

我们躺平就能得到终极理论吗

　　我们大多数人都在学校学过,希腊人和其他古代社会都相信自然定律可以通过纯粹思维推演出来,而不需要实验或详细的观测。我们知道,在伽利略以后,多数人都认为自然定律是实验和观测揭示的产物。实际上,牛顿定律是在伽利略的工作百年之后,经过对日常事物和行星运动观测的努力认识才得到的。电和磁的定律是对电荷和电流的一个多世纪的周详研究的结果。自然的重要数字——原子的质量、牛顿引力的强度、电子的电荷——都是在实验室测量的,而不是抽象推理确定的。但也许并不是非得这样。也许书中的自然定律、方程、常数是一组宏大原理的必然结果。

　　上学时,老师警告我说,科学中的大思想很少有通过浮华的理论化过程发现的。他们承认,爱因斯坦的广义相对论是一个例外。他的追求不是靠实验和观测驱动的。相反,这个理论源自这样一个宏大的原理:自然定律在身处任何地方、以任何方式运动的观察者看来都应该是相同的。从这个简单的出发点生成了一个令人敬畏的理论结构。但老师们摆着手说,你们别想那么走。第一,你没爱因斯坦聪明;第二,爱因斯坦为重复他早年的成功,白白浪费了他的后半生。

　　我一贯尊重老师们的权威。但有的时候追求那种野心勃勃的计划的诱惑,对我的很多同事(偶尔也包括我)来说,还是难以抗拒的。其他一些纯思维驱动的理论进步的例子,虽然也许不像广义相对论那么动人,但也曾令我踌躇。一个例子是麦克斯韦的工作。虽然电磁定律的研究与实验密切相关,麦克斯韦迈出的一步至少部分是靠大原理指引的。我们讨论过的自然定律中有一个是电荷守恒,即电荷不会创生也不会消灭。我不确定在麦克斯韦时代这个定律的实验证据有多好,但麦克斯韦认为它是真的。他采纳了当时知道的电磁定律,发现它破坏了这个原理。他本可以指出电荷并不总是守恒,应该用实验来检验这个法则。但他没这么做,而是修正了定律,使电荷能保持不变。从这一点出发,他预言了电磁波的存在。

当然,量子理论不是任何理论推导预知的——也难以想象它怎么可能推导出来。原子世界的实验探索表明,并不是所有事物都很好地服从经典物理。但我一直敬畏早期的量子力学家们看清了发生的事情。世上怎么会有人能想到把概率带进整个结构? 在一定意义上,关键的一步还是纯思维的,它来自德国理论家玻恩的工作。玻恩一直在思考实验,但是不怎么思考那些具体的实验,而是思考理论如何能够解释像卢瑟福实验那样用子弹(可能是电子)去撞击目标(比方说原子或原子核)的一大类实验。为了弄清薛定谔方程对这类过程的描述,他偶然想到薛定谔的波函数关联着不同结果的概率,而更奇怪的是,必须将波函数平方之后才能真正确定那个概率。可以想象通过放射性衰变实验的事实得到这个结果。但在这里,量子理论最关键(也最令人困惑)的特征却来自纯理论思考。玻尔、海森伯和狄拉克有非常接近的想法,很快就采纳了这个观点,但薛定谔和德布罗意从来没想让自己接受它。正如我们知道的,爱因斯坦从不满意概率的作用,除了早期研究光子和后来与玻色一起研究大集团量子粒子的行为,他对量子力学就再没有什么重大贡献了。

然而,爱因斯坦广义相对论的胜利仍然是纯思维成功的最辉煌范例,而且爱因斯坦相信——至少希望——所有自然定律应该以类似的方式衍生出来。在他的后半生,他投身于追求他所谓的统一场论,即一组能导出所有已知定律的原理。这实际上是一场思想的大滑坡。爱因斯坦就像其他很多没有多少科学思想的头脑一样,将多年的光阴浪费在了最终证明是毫无结果的追求上。

尽管有这段历史,很多理论家还是抵抗不了弦理论那迷人前景的诱惑,仿佛它将会实现爱因斯坦的统一场论(有时被称为万物之理)的梦想。如果真是这样,弦理论的发现就真是太侥幸了。它不像爱因斯坦的广义相对论,它现在的形式不是靠一个简单且可信的原理组织起来的。相反,它就像一台被设计得过度复杂的鲁布·戈德堡机械,是从一堆理论思想废料里拣些垃圾拼凑起来的。然而结果却有几分美妙动人。

量子理论与广义相对论的交锋形态各异。有些看起来很专业,却难以克服。已故的霍金曾提出一个,它更概念化:作为量子理论核心的整个概率概念似乎因黑洞的存在而崩溃了。弦理论解决了所有这些问题,而且似乎还可以解释标准模型的特征、宇宙的历史、暗物质与暗能量,乃至更多。但我们还不清楚它是否正确,或甚至是否作出过明确的预言。

尽管有人认为这一切预示着人类已经发现了终极理论或万物之理,它能解释一切已知自然定律,还能预言新的定律;但也有人认为这只不过是走进了另一条死胡同。很多读者将知道弦理论一直是批评的避雷针。在这一章里,我们将认识为什么弦理论一方面引人入胜,另一方面却又遭人诟病。

在当前的理论如标准模型中,基本对象——电子、夸克、中微子和光子——都是空间的点。这看似一种理想化,但令人惊奇的是,不论在我们的理论还是实验中,都没有信号说明需要将它们变成任何更复杂的东西。加速器的基本粒子研究与以前光学显微镜揭示的世界存在着尖锐冲突。当人们在小尺度上考察水滴和生物组织时,第一批显微镜揭示了各种复杂的结构:微生物、细胞和其他更小的东西。现代粒子加速器的作用犹如极高放大倍数的显微镜,但是,当电子、夸克和其他我们所说的基本粒子在百亿亿分之一英寸尺度下分辨时,并没发现类似生物组织或水滴的微观结构的证据。

然而,我们还是可以认为这幅关于自然基本事物的图景有些简陋。我们可以想象用更复杂的东西(如生命组织的细胞)来替代点,但我们暂且只考虑比点略微复杂的东西。假如自然的基本实体不是点而是线:有端点的线段或没有端点的闭合线圈(如橡皮筋)。我们称这些实体为**弦**。这样的弦能以不同方式振动。如果我们假定弦必须遵从狭义相对论和量子力学的法则,就会发生惊人而怪异的事情。每个振动模式对应一个不同类型的粒子。其中有引力子,即在爱因斯坦引力论中携带引力的粒子。还有夸克、胶子、电子、光子,等等。粒子相互作用遵从标准模型和广义相对论的法则。这个理论没有量子力学的问题。我们面临的挑战是,从理论得到正确的细节——如精确的夸克和轻子集合(如我们看到的)、希格斯质量、宇宙学常数的观测值。

令一些理论家踌躇的是,从这个看似简单的起点,竟然导出了20世纪物理学的两个巅峰成就——标准模型和广义相对论的构建模块。

就算我们可以勉强吞下弦,接受基本实体**可能**就是线而不是点的事实,那也用不着如此激动吧?为了理解物理学家为什么那么激动,我们需要明白为什么量子力学和爱因斯坦的引力理论看起来是矛盾的,而基本物理学的弦观点又能否协调它们。

考虑到爱因斯坦对量子力学的怀疑,广义相对论与量子力学存在紧张关系或许是理所当然的。爱因斯坦在给玻恩的一封信中,评论了他的概率思想,写了一段著名的文字:"量子力学当然气势逼人。但内心的声音告诉我它现在还不是真实的东西。理论说了很多,却没真正带领我们走近'老人家'的秘密。我无论如何都相信他不会掷骰子。"(这是爱因斯坦1926年说的,用了当时典型的对上帝的特别指代,但他并不真的认同传统的神性的宗教观。)

在量子力学初期,爱因斯坦尝试过将他的不安转化为推翻理论的尖锐批评。他多次拿"思想实验"挑战玻尔,那些思想实验看起来证明了量子理论和玻尔对它的解释没有意义。爱因斯坦提出的问题常常十分棘手,但玻尔始终能找到化解每个难题的方法(有时需要很长时间的思考)。多年以后,贝尔(John Bell)将这些思想实验中的一个(本质上是爱因斯坦、波多尔斯基和罗森佯谬,即EPR佯谬)转化为一个真正的实验建议。这个实验已被反复做过,并已证明了量子法则。爱因斯坦的不安不足以颠覆基于量子的实在观。

但广义相对论给冲突开拓了新天地。自然定律中是否包含概率计算?解决在这个问题上的冲突,有可能为我们面临的一些最艰难的科学问题指引答案。

我们已经卷入了黑洞、宇宙学和宇宙学常数的问题,关注了作为经典理论的引力论。这对日常生活经历足够好了,对宇宙也足够好了。实际上,很难构想一个以根本性方式牵涉广义相对论和量子力学的实验。人与量子力学的相遇大多发生在原子和更小事物的世界,而我们看到引力对这样的系统总体上是无关紧要的。更直白地说,正如电磁场的量子是光子——电磁的离散点——引力场的量子是一种叫引力子的粒子。一个多世纪以来,科学家和工程师已经可以与单个光子打交道。同时,我们却无法想象单个孤立的引力子,更别说做实验研究了。因此,我们肯定还会更深入地钻进思想实验的领地。不过,我们还是花几分钟来说一下,引力的量子研究距离可行的实验还有多远。

经典引力的真实验和量子引力的思想实验

在寻求量子力学的物理意义时,玻尔的一个指导原则是,在适当环境下,量子力学看起来就该像经典的一样。例如对光来说,这个原则说的是,当一束光包含大量光子时,它应该服从经典物理;量子力学的离散性将消失。我们日常看见的光都是大量光子的集合。一个60瓦的电灯每秒发出大约10^{20}个光子(更高效的灯可以发出约10^{18}个光子)。有着这么多的光子,光在很好的近似下服从经典物理学——没有量子修正的麦克斯韦方程组。但在当前的技术下,不难创造一个时刻研究一个光子的条件。这些单个光子遵从所有的量子力学法则。我们可以观察单个光子从原子撞击出一个电子,检验量子力学预言的不同结果的概率。我们可以观测一个电子与一个质子碰撞产生一个、两个或三个光子。

但是,当我们研究大量光子、电子和质子的情形时,量子效应变得无关紧要而牛顿和麦克斯韦的法则起主导作用。例如,当大量带电粒子加速或减速时,就会发光。当电磁场在波动中加速我们视网膜的带电粒子时,我们就看见东西。爱因斯坦明白,他的广义相对论将以与麦克斯韦理论相似的方式,在质量或其他形式能量加速或减速时,导致引力场产生波,即引力波。这些波在经过物质时又反过来令它们加速。由于引力比电磁力微弱得多,即使有大量质量的情形,这些效应也将是很微弱的。虽然20世纪后半期有一些为探测引力波设计的原型实验,却没得到结果。第一个真正有希望探测引力波的实验计划始于1990年代,叫激光干涉引力波天文台(LIGO)。

电磁波穿过物质时会摇动路上的带电粒子,这使我们能真正地眼见为实,而且还会引发各种其他现象。另一方面,引力波则会摇动它经过的一切物质(但几乎都纹丝不动),因此它们极难探测。构想LIGO计划的人想知道的是,最大的引力波源可能是什么。所涉天体的质量越大、运动越快,引力波就越强。两个碰撞的中子星,更好是两个碰撞的黑洞,似乎是唯一的希望。这些一般都是重物,质量相当于或超过太阳,它们在碰撞前几秒会很快加速,达到接近光的速度。这些都是理想的候选者,可能产生我们希望看到的最强引力波。在爱因斯坦理论中,引力场的改变是时空的扭曲。当引力波经过一个物体时,会拉伸或压缩它周围的空间。于是,物体会略微地时而拉长,时而缩短,然后再拉长、缩短。正是这种长度的伸缩成为我们探测引力波的关键。

这里我说"略微",真就是**微乎其微**。LIGO引力波探测器包含两个长长的金属管,各长4千米。来自黑洞碰撞的引力波经过这两个巨型管道时,拉伸或压缩它们占据的空间,变化幅度约10^{-18}厘米,比原子核小5个量级(十万分之一)。换一种方式,用管道长度的比例说,每根管道的长度改变了大约亿亿亿分之一。测量如此微小的变化听起来就很魔幻。当LIGO宣布它的第一批发现时,我正在给本科生开一门广义相对论的课,要向他们解释实验是怎么做的。我在物理系大厅里踱步,想知道这是怎么做到的。没人能给我完整的答案。为了弄清楚,我只好去网上研读相关的论文和文章(顾不得我的专业脸面了,我承认还看了五花八门的YouTube视频)。实验成功的关键在于寻常光的一组性质和高功率激光的运用。*

我刚才提到普通灯泡发出的光子数量。碰撞的黑洞会发射更大数量的引力子通过LIGO探测器。从整个引力子集合来看,我们几乎发现不了一个可观测的信号。将信号分解为10^{70}个部分来探测引力子,是没有希望的。在可预见的未来,量子引力还纯粹属于不可能实现的思想

---

* 对那些想了解更多细节的读者,我补充几句:实验运用了沿着两臂管道的激光束的干涉。两臂的微弱拉伸导致两臂中传播的光束经过的距离有略微不同,因而它们到达时不会完全同步。激光的高强度是获得可探测干涉信号的关键。

实验的领域。

LIGO实验最初构想于1990年代,是美国国会的一个法案资助的。它其实是两个实验,坐落在两个地方:一个邻近华盛顿的汉福德,一个邻近路易斯安那的利文斯顿。之所以设置两个地方,是为了保证为任何观测信号提供确证。实验经历了很多挑战。仪器极其灵敏。即使离实验很远的卡车经过都会产生可能误会为引力波效应的振动。在初始阶段,汉福德附近发生过一场地震,一些探测器不得不重做。最后,随着技术的进步,结果还是令人惊讶的。不过,在原型阶段,实验虽然已经很大很精巧了,但对我们感兴趣的信号还不是真正的敏感。近10年来,引力波已经在中子星和黑洞的碰撞中观测到了,出现了一种全新的宇宙研究方法。理论家索恩(Kip Thorne)、高能物理学背景的实验家巴里什(Barry Barish)和原子物理学实验家韦斯(Rainer Weiss),在思想、技术创新和管理能力的协同作用下,驱动了这项荣获诺贝尔奖的工作。

思想实验与黑洞

且不说任何探测引力量子效应的实验的实际障碍,我们还是可以问,这样的检验是否可能(哪怕是在原则上)。在将量子力学法则用于广义相对论的努力中,物理学家遭遇了两个问题。

当我们说引力子几乎不发生相互作用时,境况有些窘迫。它们作用多少,依赖于它们的能量。大致说来,如果我们让能量高10倍,相互作用的概率就增大100倍。如果束中的每个粒子都有普朗克尺度的能量,相互作用的概率就会相当高了。像LHC那样有大量粒子的加速器,如果每个粒子具有这样的能量,就要求相当于10^{16}个核反应堆的能量——几乎等于太阳的能量输出——而且在万亿年的运行中也仍然不会出现一次引力子碰撞。根据这样的推理,戴森认为发现引力子也许**在原则上**就是不可能的。

但驱动我们的思想实验的却是不确定性原理。虽然我们也许不能在实验室产生极高的频率(能量)，但不确定性原理告诉我们，不能说在极端短暂的时间内没有这种引力场。实际上，如果存在这些极强耦合的高能引力场，其结果是广义相对论的量子理论将失去控制。费曼、施温格、朝永振一郎和特霍夫特等人发明的用标准模型的光子、胶子和其他粒子来做计算的那些技巧，在这里失灵了。当人们试图计算量子力学对广义相对论的效应时，最终会写出没有意义的表达式。最先注意这一事实并试图解决它(失败了)的人物中就有费曼，这些年来，也有很多其他人处理过这个问题。单凭广义相对论和标准模型，什么事也不成。有些人满心希望这个问题在本质上只是技术性的，或许就像特霍夫特等人研究之前的标准模型的问题一样。霍金为引力和量子指出了一个至少乍看起来似乎与众不同的问题，而且它似乎还会破灭所有量子力学与广义相对论融合。这个问题关联着黑洞。

爱因斯坦写下广义相对论时，就在努力寻找理论的实验检验。问题是，理论多数时候作出的预言同牛顿理论的那些预言几乎完全相同，广义相对论带来的修正是极其微小的。为发现任何可观测效应，爱因斯坦需要利用太阳的大质量优势并研究太阳附近的现象。即使那样，效应也很微弱，只能勉强够20世纪初期具备的技术进行测量。但也存在一些情形，其中广义相对论现象很重要甚至压倒一切。

就在爱因斯坦写出他的理论不久，在一战前线服役的德国物理学家施瓦西(Karl Schwarzschild)就发现了爱因斯坦方程的一个解，它描述了恒星外的引力场(伤心的是，施瓦西没多久就去世了)。**施瓦氏解**轻松重现了爱因斯坦的光线因太阳偏转和水星近日点进动的结果。

对足够重的小天体，施瓦氏解描述的是一个黑洞。考虑一个向着黑洞飞行的空间旅行者。在离黑洞中心一定距离(叫**施瓦氏半径**)的地方，会发生奇异的事情——这可作为恐怖电影的素材。在这里，空间和时间似乎交换了角色。从星体附近发出来的光线会倒转回去——引力太强，它们跑不出去。对太阳来说，施瓦氏半径大约是1千米，所以它处于太阳内部深处，黑洞解不适用。但我们知道有更小更致密的天体可能处于它们的施瓦氏半径以下。例如，我们说过中子星具有与太阳相当的质量而半径只有1千米。所以我们很容易想象半径更小或质量更大一点的物体，它们**就是**黑洞。对这样的天体，施瓦氏半径就像我们遥望大海时看见的地平线。从远处看，靠近黑洞的物体在经过黑洞的这个地平线（叫"视界"）后将从我们的视野消失。

虽然我们看黑洞是真实的，它们却提供了一系列极其有趣的思想实验；我们也许可以将它们看作一个理论实验室。在经典广义相对论中，黑洞的一个惊人特征是它们几乎没有特征。如果你知道它们的质量、它们的电荷和它们的自旋有多快，你就知道了可能知道的一切。它们可能源自复杂恒星的坍缩，周围环绕着有高度文明的行星，但当它们形成时，所有那些信息都消失殆尽了。这不同于一团火或一个爆炸。在那些情形，你还有希望经过大量工作，从燃烧的灰烬和爆炸产生的辐射（光和热）还原最初的信息。对形成黑洞的坍缩，这至少在经典水平是不可能的。对经典物理学家来说，这看起来很令人疑惑，但凭着现象本身还不会破坏他或她的理论框架。

可是在量子理论中，早先就有线索表明黑洞不可能像那样活动。最先提出关于这种经典图景的问题的物理学家是贝肯斯坦（Jacob Bekenstein），耶路撒冷希伯来大学的理论家。他特别注意到黑洞与热力学第二定律之间的类比。第二定律说熵（它是一种无序的度量，我们在讨论重子生成和暴胀时遇到过）总是增大的。对黑洞来说，也有一个总是增大的量，那就是黑洞视界的面积。不论对黑洞做什么——如向它扔进一些桌椅或几颗行星和恒星——它的质量会增大，视界面积也会增大。贝肯斯坦提出了一个精确的黑洞面积与熵的关系，并认为黑洞实际上就是一个有一定温度的热力学系统。

但这能有什么意思呢？一般说来，我们认为温度度量一些粒子（如原子、分子、光子）集合的典型能量。但我们也说过，从黑洞外面看，我们除了知道几个总体性质（如它的质量），没有其他任何信息，当然也就不可能识别什么粒子了。是霍金发现了黑洞在什么意义上具有温度。

在近50年间，霍金是广义相对论研究的引领者。他的引人注目还在于让这门科目吸引了公众的注意。他出生和读书都在英国。1963年，他21岁还是学生时，患上了肌萎缩侧索硬化（ALS），也叫卢·格里克氏病（Lou Gehrig's disease）。这是一种通常致命的神经系统变性疾病。最初诊断时，他被预期活不过几年，但他活下来了，虽然严重残疾却保持着活力，直到2018年。他决心不能让生活屈服于残疾，他的科学贡献和他复杂的个人生活很好地证明了这一点。他显然很享受他的名声，而且经常拿它谋利，令同事和他人有喜欢的，也有讨厌的。他毫无忌讳地大谈科学、政治和宗教，喜欢和人就科学问题打赌，喜欢玩恶作剧。

在科学生涯早期，霍金和彭罗斯一起研究爱因斯坦方程对宇宙认识有重要意义的方面。爱因斯坦的方程在趋近大爆炸瞬间的最早时刻不再有物理意义。霍金与彭罗斯的工作确立了这是一个普遍特征，不可能通过调整宇宙历史来补救。我前面提到2020年的诺贝尔物理学奖给了盖兹和根策尔，因为他们发现了银河系中心的黑洞；彭罗斯是第三个获奖者，他的工作是证明了在爱因斯坦理论中，黑洞不可避免地会在中心出现一个奇点。

霍金最著名的科学贡献与黑洞有关。他证明黑洞并非真黑，而是会发出辐射。这是如何发生的呢？在量子力学中，不确定性原理容许在普通时空中短暂打破能量守恒。结果，在极其短暂的时间内，粒子及其反粒子甚至可以在完全真空（即周围没有其他能量源）的情况下出现。接着这些粒子将湮灭和再消失。在平直空间,这不会产生可观测的结果;我们需要探测具有能量源的真空,才有物理粒子出现。但在黑洞视界附近,这样的虚粒子有的可能跑出,其余的再落回。跑出的粒子可以从巨大的引力场借走能量,因而能量仍然是守恒的。但这时出现了辐射,黑洞的总能量(质量)有了轻微亏损。霍金发现发出的辐射恰好是黑体辐射,即我们讨论过的宇宙微波背景那种类型的辐射。这个黑体的温度正好精确等于贝肯斯坦预言的结果。

因此,从量子力学看,黑洞在量子世界表现为远比在经典世界复杂的物体。在它内部发生着很多事情。黑洞不是静止的。它逐渐蒸发,最终完全消失。对太阳质量的黑洞,整体蒸发的时间是很漫长的——大约10^{67}年,远远长于宇宙今天的年龄。但我们可以想象一些小黑洞,可能今天正在消失。在它们生命的终结,将发生巨大的能量爆发。天体物理学家在寻找这种可能现象。但我们要运气特别好才有可能找到这种东西,迄今还没有这种小黑洞的证据。

霍金的发现提升了他的科学声誉和在公众心目中的地位。最后他获得了牛顿当年的位置——剑桥大学卢卡斯数学教授。这可能有些尴尬,因为那个位置的设立是为了维护牛顿,一个有宗教信仰的基督徒和异端观点的追随者;而霍金却将自己渲染成一个骄傲的无神论者形象。

霍金的思想实验

霍金辐射的(理论)发现是一个重大成就。但霍金在1976年继续考虑了一个思想实验,从那时起就一直令理论家们感到困惑。为理解这个问题,我们还得考虑量子力学的另一面,它与信息有关。正如我们前面讨论过的,量子力学经营的是概率。概率是一个有用的概念,有时可以很复杂,但也有一方面非常简单而且显而易见,以致其重要性经常容易被人忽略。它有助于思考我们很多人遇到的以某种方式出现的情形。如果你买了州或国家的彩票,你关心的是赢大奖的机会。假如你买了一张,而彩票已经卖出了1000万张,你中头奖的机会是千万分之一。那的确是一个很小的数字。为让学生们体会这样的小数,我鼓励他们拿这个数字去比较他们在某一天死于车祸的概率。美国每天大约发生100起交通死亡事故。全国大概3亿人,这意味着任何人死于车祸的概率为300万分之一。我解释一下我的态度——这是非常不可能发生的事情,因此不必忧虑它会落到自己身上。但如果中彩票的概率一样小甚至更小呢——那么,那就绝不会发生了!(彩票主管如果读到这里,我向他道歉。)

但关于概率的一个简单事实是,**总有某个事件**发生的概率是1。我的彩票要么中要么不中;我今天要么被车撞死要么不会。薛定谔方程最重要的一个特征是它具有这个性质。它不像彩票那么显而易见。为说明这一点,你得用一些相当复杂的数学去研究那个方程。但如果这不是真的,量子力学的概率解释就将失去意义。

关于概率的这个事实联系着这样的问题:信息会消失吗? 当然,我们都会遗忘,丢失各种类型的记录,或故意粉碎或销毁可能令我们尴尬或带来风险的纸片。但我们相信如果有足够的耐心和资源,我们可以还原这些信息。在这个计算机时代,我们已经习惯了思考和测度信息的**量**。我的笔记本电脑的硬驱存有80G的信息。我的网络连接每秒传送那么多的比特。如果没有资源限制,那么不论电脑死机还是房屋着火,我都可以还原信息。一个系统(或宇宙)的信息总量不会改变,尽管很多信息可能难以获取。在不涉及广义相对论以前,量子力学就是这样的情形。一个量子系统的状态信息藏在如今著名的**薛定谔波函数**中。对复杂系统,如坍缩的恒星,存在着大量信息——总量大得难以想象。在经典物理学中,我们有所有原子核和电子的位置和速度信息。在量子力学中,所有这些信息之间存在复杂的联系;如果没有确定发现所有其他粒子在特定位置的概率，我们也就不可能确定一个粒子在某一点的概率。

因此，坍缩恒星包含着巨量信息。多亏了霍金的发现，我们才知道如果恒星质量足够大，它将形成黑洞然后缓慢蒸发，发出辐射。初始恒星的所有复杂结构都转化为普通的热体辐射。所有信息都去哪儿了？霍金在他1976年的论文里指出，信息就是简单地丢失了。他断言量子力学在黑洞附近崩溃了。

这是一个绝妙的思想实验。它给量子力学或广义相对论（或两者）带来了威胁；它是真正的思想实验，涉及一些极端的难以想象如何在现实实验中处理的问题。很多一流理论家都被吸引来就此问题进行论战。实际上，有人认为需要重做量子力学或广义相对论。另一些人则有更多怀疑，例如，他们怀疑或许黑洞蒸发就像一团灰烬，像壁炉燃烧的柴火。物体燃烧时，量子力学当然不会崩溃。在那种情形，问题的解决在于产生的辐射不是黑体辐射；发出的光子之间存在微妙的关联。但事实证明霍金黑洞问题的答案不可能那么简单；空间和时间的结构使得我们很难理解那种关联是如何产生的。也有人提出过其他建议，但没有一个令人满意。也许霍金是对的：量子力学或广义相对论必须退场。

但人们发现有一种情形，黑洞应该存在而且量子力学也有意义：弦理论。弦理论至少提供了黑洞疑难的部分解决。让我们深入去看看吧。

弦理论

为什么有些物理学家将弦理论视作某种圣杯，甚至自诩为弦理论家，而另一些则对那个主题不屑一顾，还经常拿他们对它的哪怕最基本的无知当荣誉勋章？我们已经与弦理论匆匆见过一面了，知道它是以某种方式建在广义相对论里。这门学科的相当奇特的历史有助于我们认识弦的魅力,认识广义相对论和一个至少大致像我们的世界是如何突现的。那就让我们来看看物理学家是如何遭遇这些引人入胜的理论的吧。1960 年代末,在量子色动力学(QCD)出现之前,强相互作用是理论家和实验家们的烦恼之源。粒子竟有好几百个不同的类型。夸克模型吸引了大多数人的兴趣,但就连盖尔曼本人都弄不清夸克是不是真正的实体。在夸克模型中,不同的强相互作用粒子由夸克以不同的方式组合构成,很像在玻尔的原子图景中电子有不同的轨道。我们说这是一个复合图景,不同粒子是更简单粒子的激发态。也许有人推测,应该存在一个更加民主的图景,其中所有强子都立于相同基础之上。南部和萨斯坎德通过玩这种模型想到,强相互作用粒子可以用弦来模拟。

我们说弦的时候,正如前面说过的,是针对点的线。但为什么南部和萨斯坎德认为这与强相互作用的粒子群有关呢? 要弄清这个理论做什么,可不那么容易,不过它对勤奋的研究生来说倒是合适的家庭作业。家庭作业问题 1:解决经典弦的理论,要求它服从狭义相对论法则;家庭作业问题 2:将量子力学法则用于问题 1 的结果。

解第一道题时,同学将发现我们对乐器的弦的所有知识。就像吉他、小提琴或钢琴的弦一样,我们的弦能以一个特征频率(**基频**)振动,也能以更高频率振动——基频的整数(1, 2, 3, ……)倍。这些是泛音,对我们如何听音乐至关重要。一个重要区别是,与琴弦两端固定不同,南部和萨斯坎德的基音弦可以整个地到处飞跑。

问题 2 包括了量子力学,乍看起来是一个灾难。它有点儿像把方形钉子打进一个圆孔,同学会发现,至少在我们日常的 3 维空间加 1 维时间的世界里,如果狭义相对论的法则行,那么量子力学的法则就不行;或者相反。理性的同学会在这里退缩,而不囿于现实的同学可能会想到有更多空间维的世界。她将发现一个具有 25 个空间维的世界(26 维时空)可以满足爱因斯坦的要求和薛定谔–海森伯–狄拉克的要求。

这位奇思异想的同学还可以继续想下去。她将发现频率转化为能量,而在爱因斯坦的相对论中能量又转化为质量。换句话说,弦的不同激发方式确定着不同质量的粒子。而弦有无限多种振动方式——无限多个泛音,因此将有无限多种可能的粒子,有着或大或小的质量。在强作用下,事情似乎就是这么发生的。

然而,即使允许这种奇异的时空,强力模型也出现了严重的偏离。它有一种可怕的粒子叫**快子**,比光还跑得快,这将导致其他不科学的结果。这已经够难了;但还有第二个问题,是出现了一种**零**质量的粒子。强相互作用下没有这种粒子的候选者。这种粒子的另一个奇异特征是它的自旋。它的自旋既不像π介子那样等于0,也不像光子那样等于1,而是等于2。

研究越深入,事情似乎越糟。原来的弦模型没有任何像电子和夸克那样自旋为1/2的粒子。当修正理论包含这些自旋粒子时,有时会消除快子;这时理论在9维空间和1维时间下有意义,但付出了更大的代价:不同自旋粒子之间出现了一种奇异的对称。那位同学发现了超对称,但如果她只是想用它来模拟强子的性质,则不过是画蛇添足。

最后,到了这一步,我只能说,那可怜的研究生同学发现这个家庭作业几乎是不可能完成的。计算又难又复杂,而得到的结果极其有限。强相互作用的新理论QCD中有容易得多的计算在等着做呢,而且回报立竿见影,其结果——很成功——可直接应用于实验。

试图将这些理论比配强相互作用观测性质的人们,在1973年因QCD的发现而从他们的痛苦中解脱出来。我是1974年开始读研究生的,觉得自己侥幸躲过了弦理论的那段要命的弯道,但也困惑为什么还有些人不愿放弃呢。

不过今天我看,当年坚持的那些人真有远见。实际上,有少数物理学家相信,弦理论的结构那么了不起,肯定能在自然发挥作用。舍克

（Joel Scherk）和施瓦茨（John Schwarz）在1974年取得了重大进步。他们注意到，爱因斯坦理论的引力子在未来的量子形式中就有2的自旋。他们提出，弦理论其实并不是强相互作用的理论，而是广义相对论的理论。

这太奇怪了。没人告诉我们可怜的研究生同学用广义相对论的原理，她只听说用狭义相对论。她要到下学年才上广义相对论课呢。不过，她已经做到了爱因斯坦需要的，尽管空间维数不对。实际上，早期工作，特别是温伯格的，已经证明任何合理的关于无质量自旋2粒子的量子理论必然都包含爱因斯坦原理。所以，只要弦理论是合理的，它就得以这种方式工作。

现在，令舍克和施瓦茨兴奋的是我们的研究生同学可能没有认识到的东西。我们已经说过，广义相对论的量子理论在极高能情况下会面临可怕的问题。用费曼确定的那些法则去计算，会得到没有意义的东西。但弦理论不一样，就因为线（相对于点）不会出现令计算变得毫无意义的那些数学问题。舍克和施瓦茨指出，其结果是，弦理论将生成一个合理的引力的量子理论。

不过所有这些看起来还是有点儿疯狂。该怎么去认识那26维（25个空间维，就像我们空间的3维，加1个时间维）和某个形式的理论下的快子呢？又怎么看那10维呢？虽然在这个形式下至少没有快子了，但还有其他怪物呢。这些东西看起来顶多像是很漂亮的数学模型，似乎与现实世界没有丝毫联系。

但舍克和施瓦茨不屈不挠。他们提出，或许那些多出来的空间维与寻常的3维并不在同一个基础上。它们可能真的存在，只是我们看不见。更准确地说，他们提出空间在这些维度可能卷缩成非常小的像圆圈一样的东西了。

空间的维数大于3，而多余的其他维很小，这个思想有很长的历史了。它最早是卡卢察(Theodor Kaluza)和克莱因(Oskar Klein)在20世纪初提出的,曾引起爱因斯坦的很大兴趣。实际上,它是爱因斯坦在寻求广义相对论和电磁学的统一理论时探索过的思想之一。

额外维的思想是什么?卡卢察和克莱因追求的是什么?我们需要理解的第一件事情是,这并非我们头脑错乱构想出来的思想。你也别费气力在脑子里想象4维或5维世界是什么样子,更别说25维了。你只需要将这个额外维的概念当作一种数学抽象就行。它是我们大多数人在高中数学课中学过的思想的推广。17世纪时,法国数学家笛卡儿(René Descartes)教会了我们用带坐标x和y的图来思考平面。为说明一点在平面的位置,只需要给出x和y的值,如$x=3$,$y=4$,可以简单记作$(3,4)$。笛卡儿的思想推广到3维,就用坐标x,y,z或三元数组如$(1,3,5)$来标记一个点在空间的位置。现在,虽然我们不能画出来,却能从数学上继续下去,即我们可以有4维(x,y,z,a)或5维(x,y,z,a,b),等等。这些额外的第四、第五维等,可以是无限的,但也可能是有限的,像圆或球。

卡卢察和克莱因在这个带额外维的抽象框架下苦心经营,他们将那一维作为一个小圆,尽管那时他们并没有什么办法思考这些维应该或必须有多小。不过他们还是发现了一件令他们非常兴奋的事情。在他们的基本的高维理论中,他们把广义相对论包进来了。但从在4维空间中的观察者的角度看,从中涌现出来的不单是广义相对论,**还有**电磁学。难怪爱因斯坦感到那么兴奋。就这样,高维的广义相对论不知不觉就为4维空间生成了一个广义相对论与电磁学的统一理论。不管怎么说,舍克和施瓦茨在面对弦理论的额外维问题时,就提出那种额外维的**紧缩**可能提供了一个解决方法。也许所有的额外维都是很小的紧致空间,小到其效应几乎难以察觉;时空看起来还是4维的,只不过可能还带着些从高维里生出的新粒子和相互作用。如果你接受这些,弦理论的其他优良特征也就保持下来了。这个理论正在形成一个与以前的任何理论都迥然不同的框架。弦理论可能是引力与其他相互作用的理论，因为这些不同特点，它没有4维广义相对论的毛病。

并不是每个人都赶潮流——这里没有潮流。那时候，QCD正方兴未艾。量子广义相对论还不是大多数物理学家的优先作业。舍克1980年才34岁就去世了，但施瓦茨继续跟格林（Michael Green，那时在伦敦玛丽王后学院，然后去剑桥大学几年，任牛顿和霍金曾经担任的卢卡斯数学教授；最近又回到了玛丽王后学院）合作。他们开始了漫长而艰辛的超对称弦（即超弦）研究计划，寻求将理论确立为一个真正合理的引力理论并发展计算技术。他们取得了重大进步，却遭遇了来自不同领域的阻碍。

威滕是少数怀着极大兴趣跟踪这些发展的人士之一。我记得在高等研究院做博士后时有过一次讨论弦理论的午餐会。威滕告诉我们，格林和施瓦茨正在做一件真正重要的事情，但非常困难。他能看到项目有多严峻的障碍。他虽然鼓励我们做这个题目，也警告说，尽管问题有趣而且也许最终能提供自然定律的完整认识，但它也可能像那些人们几百年来一直在求解的数学问题。我年轻的同事们和我礼貌地笑笑，然后回到自己的办公室继续做我们正在关注的那些东西。千年问题可能有趣，却通常都不是很好的职业动机。我不得不说，在我和施瓦茨相遇的那些天，我发现他的坚韧令人困惑。问题那么难，在可预见的未来还不一定产生任何有意义的结果。其实，他那时只是在加州理工学院有一个脆弱的职位。我好奇的是他为什么会把全部身心都投入到如此远离主流的问题上。

威滕对这个理论挑战的观点，部分源自它的数学的复杂性。但他也有一些具体的概念上的疑虑，它们可能给弦理论带来不可逾越的障碍。问题有两个基本类型，一个关乎在弦理论中找到标准模型的粒子和场,另一个关乎理论的潜在问题——也就是反常现象。

威滕有段时间对卡卢察-克莱因纲领很感兴趣,不过他也为纲领缺乏明确的运行法则感到困惑。似乎存在无限多种可能。如果基础理论是弦理论,额外维的数量可能是1,2,3,6,但还有线索表明7也是可能的角色。这些额外维看起来像什么呢?6个圆圈?1个球面(额外维为2时)?或者更多维度下的其他更奇异物?威滕发现,除了那些难以确定的细节外,这个紧致空间还有一些最低要求。找出足够的粒子来解释胶子、光子、W和Z粒子看起来并不太难。我们可以得到电子、夸克等粒子。但有些要求却可能会给从卡卢察-克莱因纲领得到标准模型带来巨大的阻碍。标准模型有一个显著性质,我们以前遇到过:它打破了宇称,或正如我们看到的,它能区分一个事件及其镜像。威滕认识到的是,如果我们看到的世界起源于一个高维的紧缩,就难以理解这个事实。他用一些非常复杂的数学,实际证明了不可能仅仅从高维时空的广义相对论获得具有这种显著的宇称破坏特征的标准模型。

因此,卡卢察-克莱因纲领虽然好像美妙地解释了标准模型中的那些相互作用,实际上却碰壁了。根据威滕的宇称结果,最简单的可能脱困的办法是,丢弃这个显著特征,承认标准模型的杨-米尔斯理论已经呈现在高维理论中了。用粒子来说,这意味着理论应该包含光子、W玻色子和胶子——理论的**规范玻色子**。在格林和施瓦茨的超弦理论分类中,有一类具有额外的规范场,就像标准模型的那些场。因此,如果我们接受额外维的紧缩而不要求标准模型从高维广义相对论中自然出现,也许就能找到一个可以接受的方法,实现我们知道的物理学。

但威滕为高维纲领提出的第二点反驳,牵涉所谓**反常**带来的障碍,看起来就难以逾越了。在4维情形已经知道,并不是我们能写出的所有经典场论都有量子理论的意义。这些问题就像我们在非10维或26维弦理论中讨论的那些问题:不能继续量子力学的概率解释。就连标准模型也才勉强躲过了反常,如履薄冰地滑过陷阱。但在高维理论中,这些条件更加严格了,威滕用高维图景的广义相对论证明,这些几乎不可能满足。实际上,他证明除了两个例外,所有已知超弦理论都遭遇了反常。这好像意味着只有两个理论有数学意义。这两个理论没有可以充当标准模型的规范玻色子的粒子。对我们很多人来说,这似乎为弦理论敲响了丧钟。我得承认,我当时被威滕的论证吓坏了,同时也松了口气,又一次庆幸自己没有背上弦理论的负担。

但是,格林和施瓦茨这一次依然没有放弃。虽然威滕的论证看起来很有普遍性,他们相信他们的弦理论能以某种方式摆脱这些困境,然后他们开始直接去计算超弦理论中的反常现象。他们发现了一些值得注意的东西。威滕**差不多**是正确的。在无限多的理论集合中,有 3 个在数学上是和谐一致的。而这 3 个中只有一个呈现了规范对称性。这些对称性足以囊括标准模型的那些对称。然而,他们现在还有一点困惑。为什么威滕的论证几乎总能成立?应该说,物理学的历史充斥着证明这样那样不可能正确的定理。这样的定理被称为"止步定理"。这些定理通常都会暴露一些漏洞。它们并非真的错了,而是有时有的假定没有表述清楚或者其意义没有被认识,而它容许一些例外。10 维理论的反常就肯定发生着那样的事情,格林和施瓦茨就着手去找它。他们对他们和威滕的计算进行了深入挖掘,终于找到了漏洞。但他们还发现了另一件令人惊奇的事情,对具有规范对称性而没有反常的理论来说,还存在另一种可能性。那时还不知道有这种结构的弦理论。

这些在 1984 年夏天得到的发现,产生了令人振奋的效果。它们开启了所谓的**第一次超弦革命**。大概因为威滕提出的难题似乎不可逾越,现在很多人认为我们可能正处于发现某个终极理论的边缘。我还是坚持抵制,但也开始担心有错失重大发现的风险。我在高等研究院的同事塞伯格逼着我投身其中。塞伯格当时很年轻,刚从以色列来研究院。在过去的一年,我们与阿弗莱克一起在超对称问题上有成功的合作。那期间我们都有了自己的小孩,而塞伯格这时却生拉硬扯地拖我去蹚弦理论的浑水。这个主题很难,而且现有文献晦涩难读。不过,那年秋天,格罗斯——就是那个QCD发展的关键人物——在普林斯顿大学开了一门弦理论课,对我们帮助很大。格罗斯读研究生时就做弦理论,很快就跟上了最新的发展速度。他的课堂坐满了研究生,也有很多普林斯顿的名教授,大家都狂做笔记和家庭作业。但同时,格罗斯与他的合作者哈维(Jeffrey Harvey)、马丁内茨(Emil Martinec)和罗姆(Ryan Rohm)在构建一种新型的弦理论,将填补格林和施瓦茨发现的其他可能。他们称那个理论为"杂化"弦论,细节非常专业,涉及很多物理学家都熟悉的一个叫群论的数学分支,不过却是大多数物理学家感到陌生的群论数学里的一个特殊的角落。这些理论的特征是,有可能在包含广义相对论的结构中嵌入标准模型。

还剩下额外维的问题。所有超弦理论都是10维理论。后来,1985年初,威滕与坎德拉斯(Phil Candelas,现在得克萨斯大学)、霍罗威茨(Gary Horowitz,加州大学圣巴巴拉分校)和施特罗明格(Andy Strominger,哈佛)合作,发现如果理论有4个大维度(像我们日常经历的一样)和6个小维度,则弦理论方程可以求解。那6个小维度是一种特殊类型的空间,叫卡拉比-丘成桐(Calabi-Yau)空间,以两位首先发现并探讨过它们的数学家的名字命名。这导出了精彩的结果。标准模型的规范理论以相当自然的方式出现了。而且,超对称似乎也几乎自动地以在解决层级问题中的张扬形式出现了。

这个发现还解决了标准模型的另一个长久疑难。我们已经看到有三代夸克和轻子。这种重复结构是令人疑惑的。它似乎意味着我们可以有一个只有第一代粒子的完美精致的宇宙。实际上,当二战后不久发现(更准确地说是认定)μ子时,理论家泡利就问过,"谁定的它?"历年来人们提出过不同的想法，但没有一个令人信服。紧致化的弦理论几乎一直在产生这种奇怪的重复结构。如果说有什么问题，那就是粒子多得令人尴尬。我们常常会看到**太多**的粒子世代。

我还是很抗拒这种想法。但一个星期五下午与威滕的谈话改变了我的思想。我对这些进展感到怀疑甚至有些恼怒，我问威滕，他如何在这个框架下解决大统一理论的一个长久问题，它是与层级问题紧紧绑在一起的。他皱了皱眉，然后说他没有好答案。我感觉有些得意，看来我不感兴趣是有道理的。

下周一我又在格罗斯上课前遇到他，他把我拉到一边说，"顺便说一句，你的问题我有一个答案……"他带我到贾德温楼（普林斯顿的物理系大楼）走廊的一块黑板前向我解释。我没完全听懂，但还是抓住了他的要点。这时我觉得最好赶上这趟车——物理学中困惑我的所有基本问题，好像都要有答案了。

弦理论与自然间的路障

接下来的几个月里，大家认真工作，取得了进展，我也有一些贡献。但塞伯格和我还认识到，连接弦理论与自然还存在一个根本性的障碍。这与是否能确实弄清理论预言了什么（如果真有预言的话）有关。这个问题就是后来所谓的戴恩-塞伯格问题。为理解这个问题，还是回到量子电动力学（QED）。从费曼、施温格和朝永振一郎的工作开始，我们对这一理论已经有了很好的认识。不管你想算什么，你都可以先进行简单尝试，而且通常很容易，完全可以把问题交给一个优秀的研究生去做，而他们几天就可以交出答案。然后你可以做更精确的计算。一般说来，对初始计算的修正都很小，大约千分之一。这可能需要研究生做几个月。你还可以做更精确的计算——精确到百万分之一。这可能需要有经验的教授和助手一起做几年。情况就是这样。每次修正都很小的原因是,QED有一个很小的物理量——精细结构常数,它的值是著名的1/137,习惯记作希腊字母α。第一步简单计算涉及α的一次幂;第二步更难的计算涉及α的二次幂,大约为第一次的千分之一,等等。*在弱相互作用下,有一个对应的量,其数值为1/30。对强相互作用,这些近似的量依赖于能量,但是比如对LHC产生的希格斯粒子,这个小量记作α_s,大约等于1/10。你不需要记住这些数字的任何东西,只需要知道它们很小,而正因为它们的小才可能有精确的预言。

弦理论也有这样的量,通常叫弦耦合常数,记作g_s。对数值小的g_s,我们可以计算;g_s越小,计算越精确。这个计算比QED或标准模型里的计算要困难一些。实际上,格林和施瓦茨的早期进步,主要就是在为这些计算制定类似于费曼法则的规则。

弦理论真正值得注意并诱人的一个特征是,理论本身能确定我们发现**自身**所处的实在。在标准模型中,有3个像精细结构常数一样的数字需要我们去测量。对这些数字应该是什么,我们没有任何先验的理论。在大统一理论中,情况略微好一点,有个耦合常数被确定了,但你仍然需要去测量其他两个。但弦理论就不同了。耦合常数由理论本身决定。实际上,每个量——夸克、轻子和希格斯粒子的质量,宇宙学常数的数值,以及我们在课本后面的数表(或网上搜索)看到的所有数——都应该从理论自动涌现出来。这是弦理论被视为可能的终极理论的原因之一。问题是,没有理由说明为什么应该存在让我们容易计算任何事物的小量。可能有人希望精细结构常数的类比数g_s应该是某个普适常数,就像1、3或π一样。塞伯格和我就此做了更确定的论断,指出人们预期的决定g_s的动力学将确定一个并不小的数值。

理论还存在其他问题,后来发现是相互关联的。其中一个问题,威

---

* 这个修正通常是第一项的千分之一,因为不同的修正实际上不仅只涉及α,还要除以系数4π。

滕从一开始就着重强调的,是可以预期暗能量恰好像我们以前说过的粗略猜想那么大。这个问题还没发现简单答案。对这些问题和其他挑战的一个合理应对或许是放弃理论,这当然是多数理论家的观点。最强烈(并带点幽默)地表达这种观点的是诺贝尔奖获得者格拉肖和时在哈佛的教授金斯帕格(Paul Ginsparg,后来在康奈尔获得麦克阿瑟奖,因为他的工作将科学出版带进了网络时代)。在一篇题为《绝望寻超弦》(Desperately Seeking Superstrings)的文章里,鉴于弦理论在实际预言方面遭遇的诸多挑战,他们批评弦纲领几乎是非科学的。

但是,尽管批评不断,弦理论依然吸引人,它躲开了通向统一理论的很多绊脚石,在继续工作着。更多的发现都支持这样的观点:物理学家发现了一个可作为某个终极的统一理论的基础的结构。1990年代中期,在"对偶性"的引领下,理论取得了巨大的进步。这就是后来所谓的**"第二次超弦革命"**(第一次革命是反常清除后的迅猛发展期),它是威滕1995年在洛杉矶南加州大学举行的弦年会上的一个报告启动的。这个年会我没有认真参加,只是那年碰巧到会了,真的很幸运。那时电脑幻灯片、主旨报告和相关的东西还没流行。报告的方式不是黑板就是投影,用记号笔写在塑料幻灯片上。威滕讲了大约一个小时,演示了80多页胶片。我和多数同事一样,会建议学生如果讲一个小时的话,幻灯片不要超过20或30张。例如,那些演示60张幻灯片的通常令观众昏昏欲睡,很少有令人感兴趣的内容。但威滕的报告不是。每张片子都引介了一些全新的东西,一个令群体大多数人感兴趣的研究计划就这样开启了。

为理解威滕工作的意义,我们需要了解一下会议之前的最新学科状态。那时有5个不同的弦理论:通过了威滕初始检验的两个Ⅱ型理论,一个格林和施瓦茨发现和谐一致的理论,叫Ⅰ型理论,还有格罗斯和他的同事们发现的两个杂化理论。这些理论之间的区别相当显著。

有的有规范对称,有的没有;有的只有闭弦(弦自我闭合),而有的既有
闭弦也有含端点的开弦。但威滕报告的要点是,每个这样的看似截然
不同的理论都是同一个基本理论的一种实现。例如,一个紧缩在小圆
的理论等价于另一个紧缩在大圆的理论;一个具有小耦合常数的理论
等价于另一个具有大耦合常数的理论。两个Ⅱ型理论在紧缩后相互等
价;两个杂化理论也一样。Ⅱ型理论在适当条件下等价于杂化弦理论。
这个对偶理论的网还补充了一个理论:在极端大耦合常数的情形,本来
似乎在10维的ⅡA型理论,将变成11维的理论。一段时间以来,人们
已经知道11维是特殊的,它是我们能写出具有超对称性的场论的最高
维数。这个理论具有2维的类似于弦的物体,叫膜。实际上,膜是等待
中的弦。如果一维是小圆,膜绕着圆卷起来,那么从其他维度看,它就
像一根弦。威滕将这个11维的理论命名为"M理论",这个M被赋予了
不同的意思,代表神秘(Mysterious)、膜(Membrane)或魔幻(Magic)。但
不管它代表什么,那些理论的关联是非常值得关注的。在很多人看来,
这意味着只有一个可能的量子引力理论。这些五花八门的理论,看似
面目全非,都是同一结构的一部分。也许我们能以某种奇异的方式偶
然发现它。我们人类这时就像寓言里的盲人摸象。

威滕在洛杉矶的报告打开了行动的阀门。跟着就出现了几个惊人
的发现。

让我们从一定角度回顾一下理论的发展。我前面说过我会交给研
究生做的问题:考虑一个弦理论,它服从狭义相对论和量子力学法则。
接着我说发生了各种不可思议的事情。人们发现这样的弦具有无质量
自旋2的激发态,它们像(量子)广义相对论中的引力子那样彼此相互
作用和与物质相互作用。但那个同学——和他的教授——(几乎)没有
找到任何线索证明为什么会这样。我们没有一个原理能阐明会出现这
个现象。根本说来,弦理论不过考虑了比点的复杂性只高一层次的东

西(即弦),这个简单的想法,竟然带来了异常丰富的现象。但令人困惑的是,我们实际上并没有一个完整的描述。我们只是有一组计算法则,而这些法则只适用于理论的耦合常数极端微小的情形。困扰塞伯格和我的部分问题是:假如弦理论与自然有关,那么它只是在我们似乎毫无所知其理论为何物的机制下运行。尽管威滕几乎没有在会上拿出一个完整的图景,他的报告还是指向了一个更宏大结构的诸多方面。

威滕的弦对偶网虽然诱人,却留下好多空白,充满着看似合理却未经证实的猜想。得克萨斯大学奥斯汀分校的波尔钦斯基(Joe Polchinski)以前曾在弦理论中发现他称之为 D 膜的东西,扮演着类似于我们在大统一理论中遇到的磁单极子的角色。现在他发现这些东西正好填补威滕的那些空白。于是,一个更令人信服的弦理论整体结构的图景浮现出来了。

我的好朋友班克斯(Tom Banks,来自罗格斯大学,后来到了加州大学圣克鲁斯分校)、菲施勒、申克(Steve Shenker,来自罗格斯,后来去了斯坦福)和萨斯坎德利用波尔钦斯基的发现,提出了一个完整描述 11 维 M 理论的理论。这是一个可能很难求解的方程体系,但在计算机上,它**能够**在有限时间里通过一组特定的法则解出来。更激动人心的是马尔达西纳(时在哈佛,现在高等研究院)的一个发现:在一定环境下,弦理论**等同于**某个我们很好地认识了的量子场论。他说的环境是弦理论的时空对应于一个具有负宇宙学常数(和不同维数)的宇宙。这些空间就是广义相对论专家们熟知的反德西特时空[以莱顿大学的德西特(Willem de Sitter)的名字命名]或 AdS 时空;马尔达西纳的发现被称为 AdS-CFT 对应,它涉及一类经典场论(CFT)。这一场第二次超弦革命一直延续到今天。

虽然塞伯格和我提出的问题没有完全解决,这些结果还是提供了很多认识,而且证明在其他物理领域也有用武之地。

D膜和霍金佯谬

D膜除了填补威滕的弦对偶图景的空白,为矩阵模型和马尔达西纳的 AdS/CFT 对应奠定基础,它在两个哈佛理论家瓦法(Cumrun Vafa)和施特罗明格手里,还能解决霍金的疑难。其要点是,他们的发现依赖于波尔钦斯基的惊人洞见,D膜本身其实是相当简单的。运用D膜后,所有计算都能用铅笔在纸上进行,而不需要强大的计算机。施特罗明格和瓦法意识到某些D膜的集合就是黑洞,而且不难用量子力学法则计算它们的熵。人们精确发现了贝肯斯坦-霍金结果。这是在服从所有量子力学和相对论法则的理论中实现的,所以不存在佯谬。*

事实上,尽管结果落实了,以抽象方式解决了问题,却仍然令很多物理学家不满意。因为计算所在的条件并不很像天体物理学黑洞,难以确定霍金的论证中究竟是哪儿错了。它还遗留一个重要问题,牵涉到广义相对论以一种我们尚未完全理解的方式发生作用。最近,波尔钦斯基和他的合作者们将这个问题构建为一个**火球佯谬**。通常说黑洞视界是没有任何东西穿越的地方。如果你处于在黑洞引力作用下自由下落的火箭里,你不会察觉到视界,不过在远处观察你的朋友们可以看到你消失了,而且知道你最终将在黑洞中心的奇点找到你的归宿。但在量子力学看来,如果假定霍金佯谬以一定的假想方式消除了,事情就不可能是这样的。波尔钦斯基和他的合作者们指出,火箭船将被高能辐射炸毁。他们将霍金佯谬转化为所谓的AMPS(他们几个人的姓氏缩写)佯谬,但它还有其他可能的解决方法。这也一直是班克斯、申克和萨斯坎德等人热烈讨论的主题——他们决心要解决这些问题。不幸的

---

* 分析中有些微妙的东西。D膜集合并不真的是那些容易计算的机制下的黑洞。但结果证明在容易和困难的计算下都是正确的。实际的计算涉及给定能量下系统的量子态的计数,这是与熵相关的。

是，波尔钦斯基在2018年因脑瘤去世了。

在弦理论早期，人们广泛相信它是**唯一的**引力理论。第二次超弦革命强化了这个观点；几个已知的看似不同的理论都表现为同一个理论的一部分。但还存在一个问题：难道只有一个可能的理论整合广义相对论和量子力学吗？我们所谓的弦理论难道不会仅仅是各种可能理论空间里的一个小小角落？这个问题在下一章说的景观（landscape）框架下显得更加急迫。

◇ 第十四章

实在景观

弦理论是相当吸引人的。它只有一组简单的输入条件,仅靠认识模糊的理由,就导出了一个囊括爱因斯坦广义相对论和标准模型的结构,而且符合狭义相对论和量子力学的原理。它没有陷入在量子场论下考虑广义相对论所导致的无穷大,还以我们至少部分理解的方式解决了霍金提出的疑难。

弦理论还有其他令人关注的特征。虽然它最简单地建立在10维时空,却能轻易在4维实现。它不仅能呈现标准模型的规范玻色子,还能实现夸克和轻子的多重世代结构。所有自然常数都可以在理论下计算。还有更多呢。弦理论具有像大统一理论的结构,有预期能解决层级问题的磁单极子和超对称。而这些几乎还不到它的特征的一半。总的说来,它看起来很像一个可能的终极理论。

实际上它也被英国理论家埃利斯(John Ellis)赋予了"万物之理"的美名。这听起来有些自命不凡,但正如埃利斯说的,他这是在回应那些将它蔑视为虚无理论的批评者。不管怎么说,尽管弦理论取得了惊人的成绩,从我们现在理解的这些东西到一个完整(甚至部分)的自然理论,还要走过一条漫长的道路。

有几个突出的问题。虽然理论的方程有类似我们周围世界的解,但有很多解具有完全不同的性质:不同的维数、不同数量的规范场、不同数量和类型的夸克和轻子、不同的粒子间相互作用。从理论角度看，一个显著的不同是超对称的总量。我们为解决层级问题提出的超对称是4维时空中所能有的最小类型的超对称。它的意义在于不需要精确；它可以被打破。这一点很重要，因为假如超对称完全是一种自然对称，它就不可能精确。例如，大自然不存在除了自旋不同而其他性质与电子完全相同的粒子。如果超对称太多，破缺基本上就不可能了。破缺超对称复杂，但内容丰富；不破缺的超对称简单，却单调乏味。我不应该夸大它的乏味，我们在前面讨论的所有对偶现象都只是在具有非极小超对称的系统中认识的，运用了对称强加的所有约束。但仍然可以说，弦理论中认识得最好的宇宙都是生命最感无聊的地方。换一种方式说，理论家很容易用超对称理解6维或8维，但这些维的物理学——和化学——不足以产生任何我们所认识的生命那样的东西，甚至连恒星和星系也没有。

但无论我们多不喜欢，也没理由排除这些无聊的宇宙。它们在数学上没有不和谐的地方（人们已经看到了），也没有什么怪异的可以令它们消失的动力学。实际上，说弦理论存在真正像我们看到的周围世界那样的状态，只不过是我们的高度猜想。这并不能阻止我和我的同事们写一篇篇文章猜测弦的实在性。不幸的是，没有哪篇论文可以说从弦理论作出了预言。通常说来，作者会偏爱弦理论的这个或那个特殊解，然后选一个与众不同的超越标准模型的特征出来。但这样的选择不仅随意，作者还对其方案中的两大问题视而不见。

最基本的问题是暗能量，这里我假定它是宇宙学常数。弦理论出现以前，这个问题不管怎么令人恼火，理论家都可以忽略。他们有很好的理由。在量子场论中，你不可能把宇宙学常数作为原理问题来预言。它也许是一个非常奇怪的数字，但我们对它无事可做。弦理论出现后，情况改变了。弦理论应该能够预言一切，而宇宙学常数正是它应该预言的第一件事。早在弦理论初期，威滕就好奇宇宙学常数会不会发生神奇的事情。或许它可能因为某个理由恰好等于零呢。

如果有不破缺的超对称，那时已知的弦理论解就具有零宇宙学常数。但假如超对称是破缺的，我们将得到一组不同超对称破缺能量尺度的宇宙学常数。威滕把这个问题交给他的学生罗姆。罗姆研究了无超对称超弦理论的一种紧致化形式，结果既有趣又沮丧。人们**可以**计算宇宙学常数，但它恰好是人们粗略预期的那么大。尽管威滕经常提及弦理论的这些神奇性质——消除反常、出现粒子世代、解决量子引力疑难——但这里没有奇迹。在接下来的几十年，虽然人们研究了更多的弦理论和紧致化，都没发现有希望的东西。

相反，人们提出了另一个类型迥然不同的宇宙学常数解。这个解令很多物理学家感到困惑，但它也取得了惊人的成功。在细说它之前，我们考虑一个简单问题。人类为什么发现自己居于地球表面？地球是一个相当例外的地方。虽然我们今天确实知道有很多恒星都有行星环绕，我们也开始寻找证据，证明它们当中有很多可能适于液态水和其他我们认知的生命组成物质的存在，但具有如此表面的世界的比例还是微乎其微。即使每颗恒星都有我们这样的太阳系，其比例也只有10^{40}分之一。我们大多数人对此的反应是：这个答案太荒谬了。生命——即使允许与我们所熟悉的完全不同的生命形式——几乎肯定不可能在虚空或邻近恒星的地方生成。它只能发生在像我们地球表面这样的例外地方。事物不能太热，可能还需要液态水，还得有足够多的重元素。这些还只是最起码的要求。不过，只要有这样的行星，就可能有一定的比例适于智慧生命，它们就是可能在宇宙中找到生命的例外地方。

在班克斯的建议下，温伯格通过结合行星上的生命问题讨论过宇宙学常数问题。他想象宇宙在一定意义上远大于我们今天看到的，在这个"元宇宙"或"多重宇宙"的不同地方，自然常数，特别是宇宙学常数,具有不同的数值。他提出一个问题:你在这个宇宙的哪个地方才可能找到观察者？这很像我们在类地行星上发现生命的问题,可你能发现多少类地行星却是一个难题。相反,温伯格问的是,在与我们有着不同定律的宇宙中,什么宇宙学常数值才能有星系和恒星存在？这个问题其实不难回答。假定自然定律都和我们的一样,就意味着在没有宇宙学常数时,它要在大爆炸后 10 亿年左右才形成恒星。假如宇宙学常数是负的,宇宙将经历引力坍缩,在恒星和行星形成之前很久就基本变成了巨型黑洞之类的东西,除非宇宙学常数的绝对值极端微小,即是一个**极端**微小数字的负值。假如宇宙学常数是正的,问题就不同了。这时,除非宇宙学常数非常小,在恒星有机会形成之前,宇宙就开始极端快速地——指数式地——膨胀,就像暴胀一样。在这些环境下,本来可以正常聚集形成恒星的材料将永远不会聚合在一起。

因此温伯格放弃了这个当时流行的宇宙学常数(或暗能量)就等于零的想法,指出它也许应该是恰好小到能形成恒星。小得恰到好处是因为它的小已经很怪异了;任何比它小的东西都将是更不可能的。结果很接近后来发现的。可以论证,这正是那个有趣发现的一个**预言**。现在可以坦白地说,他在这个论证的最简单框架下预言了宇宙学常数大约比后来观测的数值大 100 倍,这是非常好的结果,因为:

1. 如果用更传统的方法,我们预言的数值将会小 120 个数量级。因此 1 倍或 2 倍都是一大进步。

2. 宇宙学常数后来观测到了,恰好比以前寻求的值小一点。

3. 这个论证相当粗略。更精细的论证也许可以解释这种差别。

虽然可以说这是一个了不起的成功(不是每个人都赞同),但温伯格也打开了潘多拉的盒子,尽管可能非常有趣,在很多人看来却威胁着大家做科学的正常进程。某些或全部自然定律之所以那样,是因为这是观察者——或生命——存在的必要条件,这个思想被称为人择原理。其实温伯格区分了这个原理的不同形式。在一种极端情形下,你可以持一种宗教观念:某个终极存在以这种方式定下这些定律让人类得以生存。但温伯格所持的观点在一定意义上是非常反宗教的。我们的存在只是一个偶然。不但我们是巨大宇宙中的一小点,就连我们以为的宇宙也不过是宇宙汪洋里的一小点。我们发现自己身处一个特殊的宇宙,是因为它是一个极端稀有的容许恒星和星系——以及生命——的宇宙。他称这个观点为**弱人择原理**。

虽然可能只有少数科学家真正践行宗教,而在任何基本意义上说自己笃信宗教的科学家更少,即使那些说自己个人信教的,也会宣称他们不会让宗教干涉他们的科学追求。他们相信他们是在不带偏见地研究自然。然而,大多数科学家,当然包括大多数理论物理学家,都相信存在某种自然秩序和基本的简单性。正如爱因斯坦的名言说的:"我们可以说世界的永恒神秘就在于它是可以理解的。"在科学史上,人们用很少量的原理和简洁的方程成功解释了大量的现象,很好地支持了这种观点。**人择原理**如果发生作用,就将颠覆这个观点。仅为解释宇宙学常数就需要数量惊人的不同宇宙——大约至少 10^{120} 个;如果其他自然常数——甚至基本的自然定律——都以这种方式确定,则需要的宇宙数量更大。自然会变得惊人地复杂,而自然定律的意义则模糊不清了。对很多人来说,感觉人们正在放弃实现真正的认识。*如果我们能像计算原子性质那样计算宇宙学常数,那将令人满意得多。

弦理论至少在其早期阶段令人乐观地认为,它也许能从一个基本结构来理解所有自然定律和所有自然常数。将来某一天,科学家将确定我们观察到的自然定律、所有的自然常数和其他任何我们想知道的

---

* 格罗斯在一次会议上说过同样的话,他借丘吉尔(Winston Churchill)在二战时期的告诫说:"永不放弃。"

事情。很多人认为宇宙学常数是一个另类,它的问题的解决可能要等到更远的将来。但事实上,考虑人择原理的意愿才真正打开了潘多拉的魔盒。可能不仅宇宙学常数由人择考虑确定,很多甚至所有自然常数和自然定律本身,也都由它来确定。恒星的存在依赖于很多事情,而不仅仅只是需要宇宙足够老。例如,假如弱力的强度不是它现在的样子,恒星就不会燃烧或不至于燃烧太快。假如电子比现在重得多,原子、分子和固体材料会具有完全不同的性质,我们所知的生命也就不可能出现。当我们思考这些不同问题时,各种可能性和可能的宇宙的一团混沌会变得越来越极端。

弦理论可以有很多可能状态。我们谈过不同的维度、不同的夸克和轻子数量,但肯定还不够;为了以这种方式解释宇宙,还需要更多数量级的东西。我们现在已经有了10的幂次的经验,我们需要的这种数至少是10^{500}。我们已经见过像万亿那样的数字,在日常生活中随处可见,却很难想象。这个数就真的不可思议了。如果宇宙的每个原子都是一个小宇宙,而每个小宇宙有着和我们的宇宙一样多的原子,那也不会有10^{500}个原子。如此解释我们周围世界的模式多得不可胜数。即使造物者持极简主义观点,这种产生生命的方式也是异乎寻常的复杂。结果,我对温伯格原始提议的反应不过是:哈哈,很聪明,但自然肯定不是那样运作的。

尽管感觉可疑,班克斯、塞伯格和我还是考虑了产生如此大数的一种可能性。我们怀着几分自信地认定这不可能在弦理论中发生,这令我们既沮丧又轻松。我们能多睡几年安稳觉了。

接着,波尔钦斯基和布索(Raphael Bousso,现在加州大学伯克利分校)想出一个更合理的建议。我们说过电荷和磁荷,而且看到,如果两者都存在,则根据狄拉克的单极子论证,它们每个都将被量子化。这意味着它们具有可数的值,如1,2,3,等等。波尔钦斯基和布索注意到,在弦理论中紧缩的维度里可以存在很多(通常有几百种)类型的磁荷和电荷。它们的每一种都有不同的荷值。如果每个荷的值可以在一定范围内变化,例如从-5到+5,那就将有500种荷,出现10^{500}个可能的构型。如果这是聚集在某些紧缩维度里的荷的数量,它们每个荷将代表一个不同的可能宇宙。于是,这可能正是我们需要的结果。拿连续点集与连续统(犹如一个光滑物体)比较,布索和波尔钦斯基称他们的图景为"离散统",意思是几乎像一个连续统,但实际上是大量离散点的集合。萨斯坎德后来称之为景观。

我还是感到怀疑。班克斯、他的学生莫特尔(Lubos Motl,现在主持一个捷克保守派博客)和我写了篇论文,列举了一大堆理由说明为什么布索和波尔钦斯基的提议不大可能在弦理论中实现。这回又多安稳了些日子。可是接着斯坦福的一个小组在仔细考察了一些弦理论模型后,提出了一个新版的更有说服力的布索-波尔钦斯基故事。小组成员有卡齐鲁(Shamit Kachru)、卡洛什(Renata Kallosh)、林德(Andrei Linde)和特里维迪(Sandip Trivedi)——他们是相关弦理论、广义相对论和宇宙学的专家。他们令人信服地解决了班克斯、莫特尔和我以前提出的几乎所有反驳。我和其他很多人一样,确定那可能就是对的。这项工作非常有名,人们用他们姓名的首字母称它为KKLT。他们的论文被引用了差不多3000次[特里维迪是印度孟买塔塔基础研究所(TIFR)所长]。

如果接受弦理论**可以**生成广大的宇宙景观,就得面对人择原理,不仅为宇宙学常数,还为更一般的自然定律。班克斯和我与我们的博士后戈尔巴托夫(Elie Gorbatov,他还在继续着金融服务业的成功)合作,考虑这意味着什么。我们认识到,除了好恶问题外,人择原理还面临着一些真正的挑战。温伯格求助人择原理解决了为什么宇宙学常数比预期值小的问题,但还有很多自然常数也具有很小的值,**它们似乎对生命**

的存在没什么影响。一个显著的例子是强相互作用的量 θ,我们知道它是极其微小的,小于 10^{-10}。如果这个量大得多,甚至等于 1,它也不会影响我们周围的宇宙。还有其他数字,虽不像这么引人注目,但情形也相似。所以至少对某些自然常数来说,人择原理并不是我们需要的答案。当然,有些量**可能**关联着其他自然量,而它们受人择考虑的约束。

有人失望了。例如考虑层级问题,它可能正好和宇宙学常数问题一样。毕竟,如果我们接受大量真空来解释宇宙学常数,在那些宇宙学常数足够小的真空里,可能存在大量不同数值的希格斯质量。正如我们说过的,这个希格斯质量也可以选作人择考虑。恒星要足够高热、寿命足够长才会生成适于生命的行星,这可能要求希格斯质量接近它现在的值。在这个观点下,我们不指望能用超对称或技色或其他什么东西来解释 LHC 的层级问题。这个问题在我的同事中间正讨论得热火朝天。

整个问题还有很大争议。有的理论家指出 KKLT 工作没有令人信服地确立那么多真空态的存在(当然没人会在数学家用词的意义上说它证明了这一点)。班克斯接着中肯地指出,这些现象并非弦理论的性质。

有的研究者,包括我本人,至少暂时持这样的观点,即人择原理考虑下的景观图景**可能**是对的,我们要问的是它会将我们引向何处。我们已经暂时搁置了怀疑,这么做的时候,也就决定不再抱完全失望的态度。我个人的方法是要质问:什么样的一般问题才会得到可能景观中存在某个巨大宇宙集合的典型答案?可能有人会专注于暗物质或暴胀之类的可能解释,而我关注的是一个简单问题,即对观察者的候选景观里的任何宇宙都适用的一些东西。实际上,它比温伯格的问题还要原始得多。在布索和波尔钦斯基的构造中,多数宇宙作为整体是不稳定的。它们像放射性粒子和原子核一样会衰变。这些过程通常在不到一秒的时间内**非常**快速地发生。正如你可能猜测的,这不是好事情。我们依靠的是能存在一定时间的宇宙。在面对这个推测性问题之前,我们来看一个能给出一些答案的问题:在未来万亿年里我们的宇宙会发生什么?

我们宇宙的命运

宇宙在景观中生灭。这引出一个问题:我们可观测宇宙的命运如何?

人们经常问我,我们的宇宙知识让我对人类条件感到充满希望还是绝望? 其实,他们想问的是,"有上帝吗?"只是这个提法太令人尴尬,不好直接说出来。我没有满意的答案,我也不想强迫人们放弃他们的信仰或把他们引向童话式的存在的意义。我说过霍金以无神论作为骄傲的勋章。那样很好。但我个人相信,不管有没有上帝,我们都需要与他人一起参与改善这个世界。爱因斯坦抱有和我类似的观点。他当然不相信有一个干预人类事物的全能存在,但他惊奇于人类认识自然的能力。我也不禁感到存在某种基本的元素,决定着我们理解量子力学(或音乐、艺术或文学)的能力,让我们的生活有意义和价值。但温伯格以更阴郁的方式指出科学和我们的宇宙认识带来的教训,这令我感到踌躇:"宇宙越是可以理解,也就越是没有意义。"*

我恐怕你在考虑宇宙命运时也可能发觉自己抱有温伯格的观点,不管怎么说,那也是很诱人的。我第一次严肃面对这个问题,是在天文学同事劳克林(Greg Laughlin,在圣克鲁斯多年,现在耶鲁)的一个专题讨论会上。他的讲话和后来与密歇根大学天文学家亚当斯(Fred Ad-

---

* 引自他的书 *Dreams of a Final Theory: The Scientist's Search for the Ultimate Laws of Nature*, 1993, Vintage reprint 1994。(中译本《终极理论之梦》,李泳译,湖南科学技术出版社,2003。——译者)

ams)合作的论文,都题为"垂死的宇宙——天体物理学物体的长久命运和演化"。如标题一样,前景是暗淡的。经过本书的探索之后,我们会比劳克林看到更远的未来。但事情没有变得更好。

本着10的幂次的精神,我们可以在不同时间尺度考虑这个问题。我们现在距离大爆炸约130亿年。就人类或更一般的生命而言,我们生在一个黄金年代。在大爆炸后的前几十亿年里,宇宙对生命还不是很友好。但最初的几代恒星产生了大量重元素——如碳、氧、铁,这些碎屑成为新恒星的材料,现在我们知道,它们还生成了大量行星。如果没有这些元素,生命,至少我们认识的生命,就不可能存在。但在未来几十亿年,我们的太阳将燃尽,这也是我们周围恒星的命运。新的恒星将继续形成,但恒星的形成最后也将走向终结。当宇宙到10^{14}年时,光将熄灭,给我们留下冷暗的星体,主要是白矮星。它们会偶尔碰撞,但因为碰撞的结果会有一些光,即使这样的相遇也会在10^{23}年后终结。同时,死亡的星体会逐渐从星系消失。

但还有更糟糕的事情。首先,我们在暗能量一章看到,宇宙在开始指数式增长。在10^{14}年时,宇宙体量大约已经长大了10^{4000}倍(指数可能略有偏差)。这意味着我们知道的星系一般会相距遥远,彼此都看不见。平均说来,如果你在某个原子上,那么你连最邻近的原子也看不见。更准确地说,我们星系的残余各自分离到了难以想象的距离之外。空间几乎是空的。

事情还会更坏。这些死亡星体的小岛本身也会毁灭。我们已经指出,所有物质都是放射性的;质子最终也会衰变。我们不知道这需要多长时间,只知道肯定比10^{33}年更长。假定需要10^{35}年,质子衰变最终可以产生正电子、中微子和光子。正电子会与电子湮灭,也产生光子。如果你能看到这个过程,它不会一下子发生。在你的邻近,光子起初有很高能量,但正如我们在宇宙微波光子里看到的情形那样,它们的能量将随宇宙继续老化而减少,然后在星系周围几乎空虚的空间漫游、消失。

因此,我们周围几乎不会留下任何普通物质。实际上会有几个**非常低能**的光子,是与暗能量相关的某种霍金辐射。在大多数星系的核心(也叫活动星系核)还会留下巨大的黑洞,它们会通过霍金辐射衰变,将大部分能量转化为非常低的能量状态。这需要**很漫长**的时间,很可能比质子衰变的时间还长。对这个能量清单来说,更重要的是暗物质。它的命运依赖于它是什么。如果它是WIMP形式,它们很多将会在漫长的时间里相互碰撞,重新将能量转化为辐射。如果暗物质是轴子形式,它们的衰变期很容易远远超过质子的寿命。衰变的产物仍然是非常低能的光子。从一定水平说,这些就是发生的具体过程。当宇宙 10^{100} 年时(可能有几个万亿年量级的差别),万物将尽,宇宙热死。

所以宇宙未来既冷且黑。但如果有景观,故事就会明显变得更复杂。在这种情形,我们刚才描述的只是**我们的**宇宙的命运。但在景观下,宇宙将不断地产生和消亡。我们的宇宙飘荡了那么久,这个事实其实是非常值得注意的,它也肯定会为我们认识宇宙景观的命运提供线索。在文学作品和非正式谈话中,我们有时将人比拟为放射性的。对这些宇宙来说,这个问题等于说整个宇宙是放射性的。它们多数都在形成后很快衰变。但宇宙是放射性的,到底意味着什么呢?

放射性的不稳定宇宙

我们已经看到在量子力学中有很多不同于我们日常经验的事情。一个惊人的现象是所谓的**隧穿**。假定你远足经过山峰,如下图那样:

你的目的地是 B 点,但你到达 A 点时,你停下来歇脚喝水。要到顶峰的 B 点,还得费好大气力。一旦到顶,下山就轻松了。

现在,在量子力学中,你用不着花那么大气力去翻山越岭;你可以真正地洞穿它。这里的问题在于,如果是量子力学粒子(如电子或 α 粒

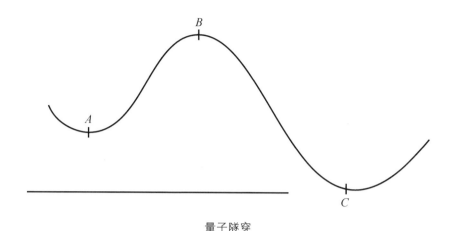

量子隧穿

子),我们不能肯定地说它不能出现在山顶;但如果是经典粒子,它没有足够能量是肯定不能到达山顶的。量子力学的不确定性原理允许粒子在短时间内打破能量守恒。我们可以认为粒子打通隧道穿过了山峰。当粒子从另一端出来时,能量守恒又恢复了。这个现象是一大批电子器件的基础。在居里夫妇研究的镭的放射性衰变中,它也十分重要。

镭有88个质子和不同数量的中子(不同的同位素)。例如,有种同位素有138个中子,半衰期为1600年。它衰变发出两个质子和两个中子的氦核,留下少了两个质子和中子的氡核。这些衰变的理论是伽莫夫在1928年提出的,他在大爆炸理论的发展中也起着举足轻重的作用。他意识到,我们可以将大的原子核当作一个α粒子束缚在较小的核上构成的。α粒子为了逃逸出来,就得像图中那样爬一个能量的山峰。对镭核来说,穿越山峰的概率是很低的,衰变需要很长的时间。另一个以这种方式衰变的是钚核,一种重要的核燃料,也是核反应堆的副产品。钚的半衰期是几十万年。正因为这样的事实,核废料处置才成为大问题,需要将这些材料安全隔离几乎地质时期那么长。

如果景观思想是正确的,我们的宇宙就有一个微小的宇宙学常数。就我们这个穿越山峰的粒子宇宙而言,有其他更低宇宙学常数(更低能量)的宇宙,与我们隔着一座能量的山峰。(更恰当些,我们应该说**态**而不是**宇宙**。其他宇宙只有在我们隧穿之后才存在。)这就像 A 点的远足者,是从 C 点出发来的。如果它想到达 B 点,它可以降低能量(宇宙学常数)。从经典的观点看,这是不可能的。但在量子力学中,故事就不一样了。然而,我们现在需要知道**宇宙**如何隧穿。这是怎么发生的呢?这个过程的理论是已故的科尔曼提出的,他是哈佛教授,聪明可爱,还有几分古怪,除了特别的幽默感,还有点儿像爱因斯坦,他也毫无愧色地拿这点来显摆。科尔曼并不担心景观——他很早就发展这些思想了——但在量子场论中,像标准模型一样,我们的宇宙有可能是不稳定的。

对 α 粒子来说,我们能让它变成另一个基态或"真空",只要隧穿山峰就可以做到。要在空间各处做到这一点,根据爱因斯坦的相对论原理,几乎是不可能的。它要求遥远的区域也同时步调一致地行动。但科尔曼拿烧水做类比。当你在炉子上加热一壶水时,水在某一点(高能量的地方)容易变成蒸汽,但并不是整个水壶的水一下子都变。相反,水会形成气泡浮到水面上来,然后破裂变成空气。如果你能把水壶紧紧密封起来,气泡会碰撞,逐渐将所有液体变为蒸汽。

科尔曼说明宇宙也发生着类似烧开水的事情。小区域隧穿势垒,然后出现"气泡"——即被假真空包围的真正真空区域。这些气泡像水蒸气泡泡一样长大。实际上,它们长得很快,几乎接近光速。它们相互猛烈碰撞,留下一个低能态的宇宙,而碎屑(粒子,可能很热)从气泡的碰撞中产生。

这样的问题在标准模型里已经令人忧虑了。人们发现,如果给定希格斯粒子质量并假定我们很好地认识了高能下的理论,则存在一个低能量/小宇宙学常数的态。用科尔曼勾画的过程,你可以计算宇宙的半衰期。幸运的是,它比宇宙现在的年龄大很多个数量级。不论什么情形,做这种计算的人都需要远超权限地假定很多希格斯粒子性质的知识。而且,我们可能还不得不承认它。正如科尔曼在关于这个问题的一篇论文里说的:"真空衰变是终极的生态灾难;在新的真空里有新的自然常数;真空衰变后,不仅我们所知的生命不可能,连我们知道的化学也不同。然而,人们总能从新真空或许有持续一段时间的可能性中找到一丝斯多葛式的安慰,即使没有我们所知的生命,至少也有一些能懂得快乐的结构。"*

但如果景观思想是对的,这个问题——我们生活的宇宙不是永恒的——就难以避免了。实际上,温伯格的基本图景是,我们的宇宙学常数如此之小是因为,我们的宇宙是从大量有着大范围可能的(或正或负)宇宙学常数的可能宇宙中选出来的。在细节上我们现在还不知道这是怎么来的。当然,如果谁有了可信的景观理论,他也许希望提出这样的问题:大爆炸之前是什么? 毕竟,我们的宇宙可能是从更高能量的宇宙隧穿过来的。

但我已经建议把这些具有挑战性的问题放到一边,还是关心我们自己的宇宙的半衰期吧。和标准模型的担心一样,这个半衰期最好能远大于宇宙现在的年龄。如果(打个比方)它只有十分之一,那我们仍在这儿的概率就几乎为零了。

为什么要这样呢? 当然,有一种很方便的解决办法。我们可以再次求助人择原理。我们要求人的存在,甚至特别是我们的存在,是十分关键的。我担心的是人择原理会只要求我们今天而不是明天活着,那么在这种情形下,终点很可能就近了。还有更荒谬的是,也许我会只要求**我**今天活着观察宇宙。我却提出另一种解释,它可能使景观成为预

---

* 这段话引自 S. Coleman and F. De Luccia, Gravitational effects on and of vacuum decay, *Physical Review D*, 1980, 21:3314。下面作者提到了这篇科尔曼与学生合作的论文。——译者

言性的。为帮助理解这一点，我们回到科尔曼的工作。在前面提到的与学生德卢西亚(Frank De Luccia)合作的那篇论文中，科尔曼提出了广义相对论下的隧穿问题。这里，事情有两点不同。如果从一个像我们的宇宙出发，宇宙学常数接近为零，衰变为具有负宇宙学常数的宇宙，这个宇宙将走向灾难性终结，即广义相对论专家们所说的奇点(可能像黑洞一样的东西)。其实，我在前面忘了说科尔曼的笑话。他在表示希望有结构能"懂得快乐"后接着写道："现在这个可能性被清除了。"

但科尔曼和德卢西亚发现了另一种可能。在某些条件下，一旦引力包含进来，衰变就根本不会发生。结果表明，如果自然是超对称的，就能满足稳定宇宙的条件。自然当然不是精确超对称的，但它在恰当意义上可以是近似超对称的。我同博士后费斯图恰(Guido Festuccia)和学生莫里斯(Alex Morisse)证明，如果有了我们在层级问题讨论中构造的超对称，宇宙就将具有长得难以想象的半衰期：10的古戈尔次方(1古戈尔等于10^{100})。这个数字被称为googolplex。我第一次听说这个数时，还是一个有些呆的初中生。或许它最后能有点儿用。

人择原理的原则性作用？

这似乎是人择原理的合理运用，同时也是从景观和原理的运用中产生的一个预言。问题是这本身并不是我们可以在LHC中看到的超对称的预言。这需要更多的输入。我们几个为这个问题费了很大气力，但现在还拿不出任何一个这样或那样的回答。假如说有人能预言超对称就在某个角落，那将是激动人心的。

答案可能就是层级问题本身。我们已经指出，弱相互作用的强度可能对生命有重要意义。因为正是希格斯场——基本是其质量——决定了这个尺度，在众多的景观态中，或许人择的考虑不仅选了小宇宙学常数，还选了小希格斯质量。也许更多具有低希格斯质量的态也具有低尺度的超对称。虽然这在很多理论家看来很有道理，但我的同事、罗格斯大学的托马斯（Scott Thomas）和我指出，那并不一定是对的。还可能有其他考虑，如暗物质密度，也可以从人择考虑选出来，但为此进行的论证至少还不能令人信服。

　　景观思想还存在其他挑战。情况最终是很不令人满意的。像很多物理学家一样，人们很容易拒绝景观假说，说它丑陋或者没有事实支持，甚至不科学。但这本身似乎就不是科学的。有些问题我们没有其他可以选择的解释，而我们有至少具备实现这个假说所需要的一些特征的理论结构（弦理论）。换句话说，我们可以采纳景观观点，但接着我们得承认，我们现在还没有一个完整的能在其中进行任何科学探究的理论框架，而且还有些事实难以与此观点协调一致。我个人感觉这是相当令人不安的。

◇ 第十五章

掷理论物理的骰子

我们走向自然大问题的旅行,跨越了从难以想象的大尺度到不可思议的小尺度,现在就要到终点了。旅途中我们遇到了很多具有挑战性的思想。有时候我可能写得过于晦涩难懂,我希望读者原谅。我想尽力让大家领会那些我们已经很好地认识了的宇宙特征,对于它们,我们已经有了实验支持的好理论,也有合理的解释,而且还有希望用可行的实验来进行研究;还有些处于合理或不那么合理的猜想领域。我乐观地认为,在未来几十年,人类将为我们清单上列的很多问题找到答案。

在那些问题中,粒子加速器可以解决质量起源和层级问题的秘密。随着物理学家探测的能量越来越高,距离尺度越来越小,加速器会越来越大也越来越昂贵。在20世纪后四分之一,世界上只有很少几部那样的机器。在美国,粒子加速器在长岛的布鲁克海文国家实验室、芝加哥附近的费米实验室和门洛帕克的斯坦福直线加速器中心。在世界其他地方,加速器在日内瓦的CERN、离东京不远的KEK(日本高能加速器研究机构)和北京。

美国几十年来曾是基于粒子加速器的高能粒子物理学研究的领导者,2008年,它关闭了芝加哥附近的费米实验室的最后一台大型加速器。一旦LHC开始运行,再给它投入大量资源就没有意义了。相反,这家实验室成了美国在CERN活动的几个中心之一。世界范围内,当下的粒子物理学实验主要由瑞士日内瓦的LHC主导。从投资说,这是一个100亿美元级的资本项目,每年预算10亿美元(正式预算报价以瑞士法郎为单位)。LHC项目由3个大型实验组成。其中两个较大的实验,每个都有3000人。CERN是项目的主要投资者,也负责确定研究方向。CERN是23个成员国和几个准成员国(包括土耳其、印度和巴基斯坦)参与的联合体。美国和俄罗斯是观察员。美国出钱出力,提供仪器和人力。

LHC项目还将持续至少20年。加速器将提升希格斯玻色子的测量,仔细检验其性质是否符合标准模型的预言。超对称和层级问题的其他可能解释的追寻,也将加大能力继续下去。但物理学家渴求更高的能量。我们已经看到一些论证,如果能量高10倍,超对称等事物就可能自动暴露出来。CERN在现主任贾诺蒂(Fabiola Gianotti)领导下计划了更大更高能的仪器,第一阶段规划到2040年。中国和日本也在考虑其他大型设施。这些计划,从经费到人员,都将是高度国际化的。即使费用分摊,也是非常烧钱的,在每个国家都有其他大科学计划竞争经费。

未来几年里,中微子问题将是美国实验计划的主要焦点。中微子将在费米实验室产生,在南达科他州的霍姆斯特克矿探测,现在叫DUNE(地下深部中微子实验)。我们可以找到证据支持中微子在产生我们宇宙的物质与反物质不对称中可能发挥的关键作用。

在天体物理学和宇宙学中,观测和实验努力将继续探测暗物质的本质,确定暗能量是否真的就是宇宙学常数。星系和宇宙微波背景辐射的考察正提供越来越详细的宇宙历史信息。现在也存在一些疑惑。例如,不同方法确定的宇宙年龄还有一个很小但无法消除的偏差。这可能反映了实验的系统性问题,但它也可能说明我们的宇宙历史还丢失了什么元素。

　　我很乐观,相信在理论方面的进程有良好的前景。从地理上说,理论研究比依赖于加速器的物理学、大尺度天体物理学和宇宙学的探测更加分散。在美国,有些在国家实验室,而更多的分散在全国的大学。这部分反映了理论家相对便宜的事实。在世界范围内,每个大陆(谨慎地说,除了南极洲)都有很多国家积极开展理论物理的活动。

　　理论活动在各个方向展开。因为费用低,理论家可以放飞想象。但每个理论家都有一个前景看好的想法(不论是纯理论的还是值得成为实验目标的)的机会并不大。实际上,有一个正确的并被实验证实的想法,是非常高的目标,只有很少的物理学家能达到。

　　我们可以给理论家的活动排序,看它们与正在进行的、将来计划的或至少有可能将来计划的实验在规划或解释上有多大关联。这个工作可以包括为实验发展或其解释提供理论支撑。第一类包括LHC和未来可能的加速器的标准模型过程的发生率计算,以及探测超对称等可能性的概率计算。很多人在研究今天和将来实验能直接或间接探测暗物质的前景。与实验关系最密切的是研究实际的加速器数据,特别是出现与标准模型偏离的情况,有时可以用可能的新现象来解释,有时则可以确定我们是否真正可靠地知道标准模型的预言。我的圣克鲁斯同事阿尔特曼肖费尔(Wolfgang Altmannshofer)正用功研究在含b夸克的介子中观察到的反常。这些工作同样适用于暗物质实验。我的同事普罗富莫(Stefano Profumo)热衷于五花八门的暗物质模型,他抱有一个观点:我们首先不要想着去为暗物质候选者的发现找什么天体物理学的解释。我的同事戈里(Stefania Gori)提出了能寻找奇异形式的暗物质的实验。

　　很多理论家沉浸在更带猜想性的研究中,正如我说过的,他们可以在我们的问题清单上漫游。我相信我们将看到在融合引力与量子理论问题上会出现重大进展,我也相信我们可以更好地理解宇宙的结构、大爆炸的意义和暗能量的本质。我们理论家是一群有优越感的人。我可以今天忧虑早期宇宙的轴子产生问题，明天考虑夸克质量的确定，而后天关心景观态的稳定性。我不必费心为我的研究筹集大笔经费，而不同的研究项目有可能提升我的职业前景或保障。但要我在哪天发现和确立一个有趣的和有意义的假说，机会并不大。任何这样的假说成为自然真理的概率非常低。但我要感谢我一路上遇到的一切机会。

致　谢

从本书酝酿到完成的过程中,有许多人给过我巨大的帮助。我与伊里翁(Robert Irion)喝过咖啡,他在加州大学圣克鲁斯分校做了多年的科学写作项目的负责人,他使我明白了如何将思想的萌芽写进能吸引大众的书。我要特别感谢法米罗,他写过3本精彩的书,为本书的提纲计划和写作策略提供了多方面的建议。更要感谢他的是,当他看到计划足够吸引人时,就把我引介给他的出版代理芒迪(Toby Mundy)。芒迪进一步完善了我的提纲,我在他指导下完成了第一稿。达顿的编辑莫罗(Stephen Morrow)审看了提纲并提出了深刻的建议,指导我进行了全面的修改。我给我的孩子们说过,这些年我老是批他们写的东西,现在莫罗给我提的几百条意见,算是我的报应了。我希望结果是更有趣、更可读的一本书。

我还要感谢很多科学同行,他们教给我很多东西,对我做的东西提出过很多批评——其中特别要感谢阿弗莱克、阿尔卡尼-哈米德、班克斯、安·戴维斯(Ann Davis)、季莫普洛斯(Savas Dimopoulos)、菲施勒、卡拉巴利(Dimitra Karabali)、基娅拉·纳皮、已故的纳尔逊(Ann Nelson)、尼尔(Yossi Nir)、兰德尔、已故的萨基塔(Bunji Sakita)、塞伯格、莎德米(Yael Shadmi)、希尔曼(Yuri Shirman)、斯雷德里奇、萨斯坎德、托马斯、威滕。

我的圣克鲁斯同事们——布卢门撒尔、费伯、古哈塔库尔特(Raja Guhathakurta)、哈伯、普里马克、萨德罗津斯基、塞登(Abe Seiden),等等——对我多方面的支持,是我科学家和教师生涯的重要支撑,他们也对本书内容提供了很多信息。这些年来,我的博士后、研究生和本科生同学们,在我的工作中带给我最大的满足和欣喜,还让我学会了科学和社交的技能。

最后,这一切离不开我家人的关爱和支持:我的妻子梅拉妮·阿伦(Melanie Aron)、我的孩子阿维娃(Aviva)、杰里米(Jeremy)、夏芙拉·阿伦–戴恩(Shifrah Aron-Dine)和马特·菲德勒(Matt Fiedler)。他们对我事业的所有尖锐但温和的批评令我保持谨慎和诚实,把心思集中到科学和生活中的重要事情上。

译后记

本书原题"this way to the universe"，就像导游打小旗儿喊"跟着我沿这条道儿去宇宙"——这条道不同于彭罗斯的"通向实在之路"和斯莫林的"量子引力的三条路"：彭老讲数学之路，老李说三岔"歧路"（弦理论、圈引力和全新的自由探索），而戴老师说的是他自己的路，即副标题说的"一个理论物理学家的实在尽头之旅"。戴老师年近古稀了，本可以说"我的宇宙之路"；既然他不张扬，中文也只好隐藏小我，借副题的关键词将标题定为"走向宇宙尽头"。原书是在疫情中写的，译文也多半是在"静默"中做的。老子的一个学生说过，"圣人深居以避患，静默以待时"（《文子》），意外预言了异域时空的景象，而宇宙尽头则是我们可以期待的最终极的"诗和远方"，借戴老师引用的一个物理学家的话说，人们总能从那儿"找到一丝斯多葛式的安慰"。

戴老师的路不崎岖，也不幽僻，很多时候都见他在跟着走，但也留下了自己的脚印。他和同事、学生一起建立了第一个超对称的标准模型。他提出"看不见的轴子"也许能解决强作用的CP问题，而且还可能就是暗物质。他与阿弗莱克合作的重子生成的AD（Affleck-Dine）机制是当下最有希望的机制之一，或许能最终回答"为什么世界是有而不是无"的形而上问题（"世界"二字在这里都多余）。他也第一个提出用超对称解决层级问题。2018年，他因为"超越标准模型"的系列创新（动力学超对称破缺、新弱电对称破缺、重子生成和强荷宇称）获"樱井理论粒子物理学奖"（J. J. Sakurai Prize）。

戴老师讲故事有些随意，讲了很多人和事（索引里的人物有200多个），却忘了说"关键词"。如关于 QED 的无穷大，就不说费曼们到底做了什么。他在自己的课本（*Supersymmetry and String Theory, Beyond the Standard Model*, Cambridge University Press, 2007）里是这样概括那段历史的：

> QED 的困难是贝特、戴森、费曼、施温格、朝永振一郎等人在 1940 年代攻克的，那时原子物理学需要 QED 的精确计算。经过他们的工作，终于可以在明确的洛伦兹不变形式下进行微扰计算，同时也在可控状态下利用和认识了无穷大的协变性及其意义。量子电动力学取得了巨大成功，以非凡的精度解释了电子的磁矩以及氢原子的兰姆移位等现象。现在第一次拥有了一个兼容相对论和量子论的物理定律体系。

那么，本书像老师闲聊，至于课堂内容，还得自己找课本补习，特别是旧课本没有而新课本刚触及的东西。

除了当下的"最"问题，如宇宙学常数（与暗能量和暗物质）、黑洞信息疑难、超对称与层级、弦景观，戴老师还讲了很多实验：LHC、DAMA、CDMS、ADMX、EGRET、费米卫星、Xenon1T……除了希格斯粒子，虽还没达成预期的结果，却先出了两个惊人的乌龙：《自然》杂志（2011 年 9 月）发表过一篇火爆文章，《粒子打破光速极限》（Particles break light-speed limit），报道意大利大萨索山的深部地下中微子实验。后来发现数据有问题（计时系统发生了故障）。2014 年，在南极的 BICEP2 实验（即"第二次宇宙河外极化背景成像实验"）宣布发现了早期宇宙的引力波，却是尘埃（天文学家称太空的各种粒子为尘埃）惹的祸。物理学家对实验的"瞻望弗及，伫立以泣"，是前辈们不曾经历过的。几年前偶遇一本量子色动力学"黑皮书"（John Campbell et al., *The Black Book of Quantum Chromodynamics: A Primer for the LHC Era*, Oxford University

Press, 2018），以 QCD 作为"LHC时代"的引子，那么今天的物理或可谓"LHC时代的物理"。LHC的精确测量和性质会带来我们期盼的新物理学信息。戴老师的超对称动力学也在等。LHC在2016年8月发布了一批数据，一年内便冒出了500多篇讨论数据涨落的文章。人们顾不上扔上帝的骰子，而是关心"理论物理的骰子"，让实验来判断哪些理论有希望。实验在理论形成中的角色，令我想起100多年前的一个场景——1919年的秋天，课堂间隙，学生问：如果日食观测结果没证实广义相对论的预言呢？爱因斯坦答：我将为亲爱的上帝感到遗憾。（"Da konnt' mir halt der liebe Gott leid tun."）（Pais引自 I. Rosenthal-Schneider, *Reality and Scientific Truth*, p. 74, Wayne State University Press, 1980）可那会儿爱因斯坦手里正拿着证实的结果。假如没有证实呢？他还会那么说吗？在广义相对论最终形式确立前，爱因斯坦就曾预言引力对光线的弯曲（但计算的角度小了一半），幸亏那几年的日食观测都流产了。

不管怎么说，今天的物理学家对自己的理论不那么有底气了。正如戴老师说的："超对称思想在大型对撞机实验中遇到了麻烦。我们预期能看到的粒子并没有被看到。可能我们现在太不走运……也可能是我们的思想被带偏了，但还不严重……对围绕WIMP暗物质的各种思想，我们应该保持健康的怀疑。"他还感慨："在层级问题的认识上也没有其他更好的思想了。也许新现象的线索就在某个角落，也许我们关于自然性和层级的想法本来就是错的。"

爱因斯坦在1930年回顾说："广义相对论的主要意义不在于几个小小的可观测预言，而在于它的基础的简单性和逻辑的一致性。"（Einstein, 1930. *Forum Phil.* 1, 173）今天各色理论的数学更奇妙，却缺失了物理的简单性。如弦理论以数学美自豪，却非"第一原理出身"，韦尔切克（因强相互作用渐近自由获2004年诺贝尔物理学奖）说它是一团不成形的思想瘴气（a miasma of ideas），戴老师说它"就像一台被设计得过度复杂的鲁布·戈德堡机械，是从一堆理论思想废料（a scrap heap of theoretical ideas）里拣些垃圾拼凑起来的"。当年的数学美，如今沦为更新质的"自然性"（naturalness）——大概意思是，物理理论的参数不能太大也不能太小（量级为1），否则就得给它们找理由。为什么宇宙学常数那么小，希格斯质量也那么小？这些都是不自然的东西。

自然性概念是物理学共同体形成的。克雷默（Michael Krämer，领导LHC的一个新物理研究小组）很惊讶人们对它那么钟情："虽然我仍然认为自然性颇为诱人，但我再也不信它能给LHC带来新物理。"有个伙伴10年前做"自然的"超对称，说得天花乱坠；两年后却写了"不自然的"超对称论文。LHC令人失望了，大自然也令人怀疑它本身就"不自然"。

更不自然的却是物理景观里那些五花八门的特设东西。如黑洞信息疑难50年来一直"诱人入彀"，戴老师提到的AMPS佯谬，不过是一种花样（"火墙"），还有对偶、毛球、软毛等"玩具杂货铺"里的玩意儿，相对论和量子论加起来也不曾有那么多零碎儿。这或许代表着物理学共同体的一种新风尚。最近两位超弦家马尔达西纳和萨斯坎德受量子信息的启发，直接把量子纠缠和虫洞勾连起来，称为"ER=EPR"（arXiv：1306.0533）。萨斯坎德更进一步，甚至提出了"QM=GR"（arXiv：1708.03040），字面意思是量子力学和广义相对论等价，基本思路是说量子力学原理可能是比时间空间更基本的东西，时间和空间可能是量子纠缠衍生出的东西……

我们读者游客作为"槛外人"，当然乐意看到圈内的热闹和混乱——正是这些"负能量"的东西才会给外人带来"正能量"的兴趣和希望。

译者

2024年7月12日，成都兴隆湖畔

图书在版编目(CIP)数据

走向宇宙尽头:一个理论物理学家的宇宙探索之旅/(美)迈克尔·戴恩著;李泳译.—上海:上海科技教育出版社,2024.8

(哲人石丛书.当代科普名著系列)

书名原文:This Way to the Universe: A Theoretical Physicist's Journey to the Edge of Reality

ISBN 978-7-5428-8140-3

Ⅰ.①走… Ⅱ.①迈…②李… Ⅲ.①宇宙－普及读物 Ⅳ.①P159-49

中国国家版本馆CIP数据核字(2024)第090353号

责任编辑 殷晓岚
装帧设计 李梦雪

ZOUXIANG YUZHOU JINTOU

走向宇宙尽头——一个理论物理学家的宇宙探索之旅

[美]迈克尔·戴恩 著

李 泳 译

出版发行 上海科技教育出版社有限公司
          (上海市闵行区号景路159弄A座8楼 邮政编码201101)

网   址 www.sste.com www.ewen.co
经   销 各地新华书店
印   刷 上海商务联西印刷有限公司
开   本 720×1000 1/16
印   张 15
版   次 2024年8月第1版
印   次 2024年8月第1次印刷
书   号 ISBN 978-7-5428-8140-3/N·1221
图   字 09-2022-0681号
定   价 65.00元